赠人玫瑰 手有余香

宽容是一抹温暖的阳光

主编 拾　月
编著 张玲玲

图书在版编目（C I P）数据

赠人玫瑰 手有余香：宽容是一抹温暖的阳光 /
张玲玲编著. -- 北京：现代出版社, 2015.4（2024.12重印）
ISBN 978-7-5143-3532-3

Ⅰ. ①赠… Ⅱ. ①张… Ⅲ. ①人生哲学－青少年读物
Ⅳ. ①B821-49

中国版本图书馆 CIP 数据核字(2015)第 067942 号

赠人玫瑰 手有余香：宽容是一抹温暖的阳光

主　　编　拾　月
编　　著　张玲玲
责任编辑　王敬一
内文制作　诚美天下文化传播有限公司
出版发行　现代出版社
地　　址　北京朝阳区安外安华里 504 号
邮　　编　100011
电　　话　（010）64267325
传　　真　（010）64245264
邮　　箱　xiandai@cnpitc.com.cn
网　　址　www.1980xd.com
印　　刷　唐山富达印务有限公司
开　　本　700mmx1000mm　1/16
印　　张　9
版　　次　2015 年 5 月第 1 版　2024 年 12 月第 4 次印刷
书　　号　ISBN 978-7-5143-3532-3
定　　价　57.00 元

前言

青少年是社会最宝贵的财富，是人类的希望和未来，正所谓“少年强则国强”。正因为如此，大至一个国家、一个民族，小至一个家庭、一个家族，都特别重视青少年的教育问题。希望他们成为社会的中坚，家族的骄傲。一句话，就是希望他们成为成功的人。于国，能成为有用的人才；于家，能成为顶梁柱。不仅仅要学习好，还要有辨别人世间的善、恶、美、丑的能力。在每个人的人生中，除了需要自身的因素之外，还需要拥有感受世界的能力。

宽容、谦虚，能够扩大一个人的朋友圈，不一意孤行，让青少年变得愈加稳重成熟。

真诚力、信任力，能够树立自己的影响力，赢得朋友的支持，更好地去展现自己。

亲和力、亲情力，能够明白人情世故，收获来自故友和亲人的帮助和支持。

友情力、精神力，能够学会珍惜，积极进取，带上快乐去开拓自己的人生。

方法、团结，能够让人少走弯路，众志成城地去凝结前进的力量。

青春，是每一个人最美好的一段时光，也是每个人人格、性格定型的重要阶段，在这个时期，我们需要享受青春的快乐，同时也需要完成自我塑造。通过心理自助，最终从一个小男生、小女生逐渐成长为一个有着健全人格的人，成长为一个对社会、对家庭、对自我有着相对完整认知的人，成长为能够为自己的未来做主的人。这才是一个最充实、最有价值的青春。每个梦想都值得我们认真对待，每个青少年都是未来的希望。在青春之中，我们不仅要有欢乐，同时也要拥有未来！

本丛书是你化解烦恼的“心灵鸡汤”，可以给你增加快乐的心理自助法则；本丛书会让你认识到：掌控心理，方能掌控世界；改变自己，才能改变一切。本丛书还将告诉你：只有实现积极的心理自助，才能收获快乐而充实的青春。

目录

第一篇 海纳百川，宽容之心面对世界

第二篇 不计前嫌,让心胸更加开阔

第三篇 包罗万象，成全多元化的世界

目录

第四篇 以和为贵，是最深邃的智慧

第五篇 留有余地，才能拥有更宽容的空间

第一篇

海纳百川，
宽容之心面对世界

在生活和工作中，有了容人容事的气量和风度，拥有宽广的心理生活空间，才能善于吸收各种丰富的知识和经验，善于听取各方面的意见，善于博采众长，才能使自己长本事，长智慧。真正的成功者都拥有海纳百川的胸襟和气概。

胸襟如海，任往事如烟我自得其乐

故事话题

他出生在西班牙一个穷医生家里。小时候没有受过很好的教育，参军后曾被俘，身负重伤，左手致残，并屡立战功，得到元帅的嘉奖。可是当他拿着元帅的保荐书，做着即将成为将军的美梦时，在归国途中，又一次被俘，之后被卖到阿尔及利亚，在那里做了5年苦工。

当他回到祖国的时候，很不幸，他的国家已经忘记了这位英雄，他连一个普通的工作都找不到，好不容易在无敌舰队找到一个军需的职位。

一次他下乡催征军用物资，因不肯为乡绅通融减税，被乡绅诬陷入狱。从监狱出来以后，他改作税吏。

一次他把税款交给一家银行保管，偏偏银行倒闭，他第二次入狱。第二次出狱，他一贫如洗，需要一人供养妻子、妹妹、女儿等一帮人。他住的地方，环境如此恶劣：楼下是酒馆，楼上是旅馆。

一天，酒馆里有人斗殴，一人倒在地上奄奄一息。他出于同情把那人背到家里，谁知人未救活，他涉嫌谋杀再次入狱。在此之后，他妻子死去，他又因为女儿的事情被法庭传讯。

就这么一个两次被俘三次入狱的人，命运从来不肯眷顾他。但恶劣的环境没有淹没他，倒霉的境遇没有打倒他，反而丰富了他。他的智慧是把倒霉当作生命的一个必然结果加以接受，而化为生命的财富。凭着他对生活的反思和那个国家斗牛士的精神，他写出了名震世界的巨著——《堂·吉诃德》。

故事解析

这个伟大的“倒霉蛋”就是西班牙作家塞万提斯，而堂·吉诃德仿佛是作者的一个自我嘲讽。他证明了承受倒霉时的痛苦和顺风时的欢乐都是人生的收入，他的账本上没有支出。

在生活和工作中，有了容人容事的气量和风度，拥有宽广的心理生活空间，才能善于吸收各种丰富的知识和经验，善于听取各方面的意见，善于博采众长，也才能使自己长本事，长智慧。真正的成功者都拥有海纳百川的胸襟和气概。

宽恕是一项技能，你践行得越多，就越容易做到。多加练习有十足的益处。

宽恕，是一种海纳百川的胸襟，是一种吞吐万物的气量，是一个强力的方法，能够立刻将人从痛苦和愤怒的低振动频率，转换到爱和幸福的高振动频率。宽恕更是一剂良药，能让人纯净、轻松和自由，让人获得更广阔的生命空间。

故事穿越

宋仁宗的能力不如宋太祖，没有雄才大略，学问方面，不如宋徽宗，缺乏文采，但他生前死后的名声却是宋朝十八帝中最好的。

他对下人很仁慈。有一次用餐，他突然吃到了一粒沙子，牙齿一阵剧痛。他赶紧吐出来，却对陪侍左右的人说："千万别声张我曾吃到沙子，这可是死罪啊。"

还有一次，仁宗散步回宫后，着急地说："真渴坏了，快倒水来。"嫔妃觉得奇怪，问他"为什么在外面的时候不让随从伺候饮水，而要忍着口渴呢？"他说："朕屡屡回头，但没有看见他们准备水壶，要是问的话，肯定有人会被处罚，还是算了。"

包拯在担任监察御史和谏官期间，屡屡犯颜直谏，唾沫星子都飞溅到仁宗脸上，但仁宗一面用衣袖擦脸，一面还接受他的建议，没有怪罪他。

仁宗一朝不仅出现了包拯，还出现了在《岳阳楼记》中唱出"先天下之忧而忧，后天下之乐而乐"的范仲淹，以及倡导文章应明道、致用，领导北宋古文运动的欧阳修。

"忍把浮名，换了浅斟低唱"的柳永，好不容易才通过了考试。但在仁宗看来，他不适合做官，还是填词的好，就给划掉了。柳永于是反唇相讥，说自己是"奉旨填词"，但他不但没被杀头，填词也没受影响，且填得更加放肆。

这位帝王确实具有相当大的度量和推己及人之心，这是很难得的。因此，历代历史学家们称誉他为"守成贤主"。

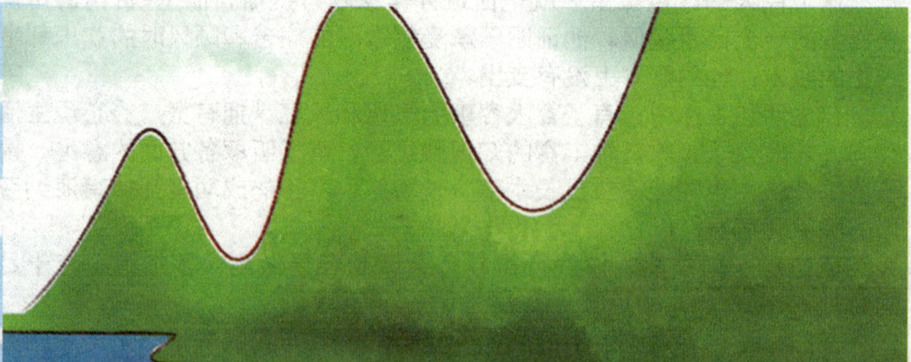

故事微语

“海纳百川，有容乃大”，这是民族英雄林则徐在任两广总督期间，在自己府衙写的一副对联的上联，寓意为，要像大海能容纳无数江河水一样，以宽广的胸襟来容纳各方意见，以此来告诫自己要广纳贤言。

林则徐的这副对联，寥寥数语，却将做人之精华，悉数道尽。汪洋恣肆的大海，因为有了不择细流不择大河的胸怀，才有如此壮观。纵观中外古今，凡是事业成功者，无不具有“海纳百川”的宽宏大度，无不具有宽容的美德。

俗话说：“将军额上能骑马，宰相肚里能撑船。”拥有一颗宽容之心比起美貌、金钱、荣誉更有价值，更具有内涵，更能赢得别人的尊重。金钱、荣誉都只是过眼烟云，生不带来，死不带去，很容易就被世人遗忘。可当一个人拥有了宽容，就会得到众人的尊重和敬仰。

心灵箴言

有时宽容引起的道德震动比惩罚更强烈。

——[苏联] 苏霍姆林斯基

没有宽宏大量的心肠，便算不上真正的英雄。

——[俄] 普希金

世界上最宽阔的是海洋，比海洋更宽阔的是天空，比天空更宽阔的是人的心灵。

——[法] 雨果

不会宽容别人的人，是不配受别人宽容的，但谁能说自己是不需要宽容的呢?

——[屠格涅夫]

气度如山，任世事变迁我岿然不动

故事话题

玛丽·居里，法国著名科学家、物理学家、化学家。她一生执著于科研事业，无论什么样的人世变幻都不能使她有丝毫动摇，显露出不凡的气度。

玛丽出生于波兰华沙的一个教师家庭，生活条件比较清贫，但她学习特别刻苦，以金质奖章的荣誉中学毕业。当时俄国沙皇统治下的华沙不允许女子入大学，加上家庭经济困难，她只好中断学业做了家庭教师。

通过一番努力进入大学后，她珍惜来之不易的机会，加倍努力，在两年内，先后以第一、第二名的优异成绩考取了物理、数学学士学位。

读大学期间，为了节省时间和集中精力，也为了省下乘马车的费用，入学 4 个月后，她从姐姐家搬出，迁入学校附近一住房的顶阁。这阁楼里没有火，没有灯，没有水，只在屋顶上开了一个小天窗，依靠它，屋里才有一点光明。

后来，为了从铀矿中提炼出纯镭或钋，并把它们的原子量测出来，居里夫妇借到一个连搁死尸都不合用的破漏棚屋。夏天燥热得像烤炉，冬天冻得可以结冰，由于棚屋不通风，很多炼制操作就在院子里露天进行。没有一个工人愿意在这种条件下工作，居里夫妇却在这一环境中奋斗了 4 年。

1903 年，居里夫妇和贝克勒尔由于对放射性的研究而共同获得诺贝尔物理学奖，1911 年居里夫人又因发现钋和镭而获得诺贝尔化学奖，成为历史上第一个两获诺贝尔奖的人。

故事解析

居里夫人业绩显赫的一生同时又是艰苦不易的，然而她能够在世事变迁中不为所动，竭尽全力执著于自己钟爱的工作，宽容大度的心胸使得她成为傲然挺立的雄峰，遗世独立，伟岸卓绝。

宽容是一种艺术，宽容别人，不是懦弱，更不是无奈的举措。在短暂的生命里学会宽容别人，能使生活中平添许多快乐，使人生更有意义。正因为有了宽容，我们的胸怀才能比天空还宽阔，才能尽容天下难容之事。

宽容是人和人之间必不可少的润滑剂。它和诚实、勤奋、乐观等价值指标一样，是衡量一个人气质涵养、道德水准的尺度。宽容别人是对对方的一种尊重、一种接受、一种爱心。

宽容是一种强大的力量。它能化害为利，化敌为友。宽容往往能够使对方从中吸取教训，重新审视自己的行为。毕竟人心不是靠力量可以征服的，宽容大度可以融化一切心灵的坚冰。

故事穿越

唐太宗因为纳谏方面的过人气度在中国历史上被人尊崇。魏徵有句名言“兼听则明，偏信则暗”，唐太宗就是将这句话牢记在心，作为自己对待谏言的指导思想。

魏徵作为原太子的亲信，能够被后来通过政变夺取政权的唐太宗重用，充分体现了后者的宽容与明智。唐太宗胜利后曾质问魏徵：“你为什么挑拨我们兄弟关系?”魏徵并不求饶，反而倔强地说：“如果太子早听我的话，一定不会是今天的结局。”唐太宗很赞赏他的直率，根据他耿直的秉性，让他任谏议大夫，贞观三年(629年)即以秘书监参知国政。

唐太宗的大度宽容也体现在对待尉迟敬德上。尉迟敬德于620年(武德三年)和另一员大将寻相一起向唐太宗投降。时间不长，寻相便又叛乱，众将疑心尉迟敬德也要叛乱，就囚禁了他，建议唐太宗杀掉他。唐太宗却说：“他如果要叛乱，难道还会落在寻相的后边吗?”便放了尉迟敬德，安慰道：“大丈夫以意气相许，请不要将这点小误会放在心上，我绝不会听信旁人之言加害忠良勇士的。”尉迟敬德深受感动，为唐太宗屡建奇功。

为了听到更多忠言，唐太宗制定了一些具体有效的措施，如谏官和史官列席军政会议；将国家重要的军政事务以及五品以上官员的任免权交给了宰相会议；五品以上的官员要在中书省(为皇帝起草诏书的办事机关)轮换值班；重赏敢于直谏的大臣等。

这是贞观之治产生的最根本的原因，给历代帝王树立了一个良好的典范。

故事微语

作为古代君王，一国权力的焦点，一生经历的世事变迁更如沧海桑田，变幻莫测。唐太宗能够在成百上千的君王中脱颖而出，皆因他终其一生所秉持的如山的容人度量。他非凡海涵的气度成就了几千年封建王朝最为鼎盛的时期。

《尚书》有云：“有容，德乃大。”历代的圣贤都把宽恕容人视为一种难得的品格。而能够真正将这样的美德涵养于一身并且一以贯之坚持到底的，则屈指可数了。宽容的人气度博大宽宏。宽容并不是软弱和怯懦，而是克制和大度，是一种境界的体现。

“处处绿杨堪系马，家家有路到长安。”宽厚待人，容纳非议。事事斤斤计较、患得患失，会活得很累。难得人世走一遭，潇洒最重要。

心灵箴言

深以刻薄为戒，每事当从忠厚。

——薛宣

唯宽可以容人，唯厚可以载物。

——薛渲

人心不是靠武力征服，而是靠爱和宽容大度征服。

——[荷] 斯宾诺莎

一个伟大的人有两颗心：一颗心流血，一颗心宽容。

——[英] 纪伯伦

淡泊名利，为内心打造一座桃花源

故事话题

陶渊明生于公元365年，是中国最早的田园诗人。

公元405年秋天，陶渊明为了养家糊口，来到离家乡不远的彭泽当县令。这年冬天，他的上司派来一名官员来视察，这位官员是一个粗俗而又傲慢的人，他一到彭泽县的地界，就派人叫县令来拜见他。

陶渊明得到消息，虽然心里对这种假借上司名义发号施令的人很瞧不起，但也只得马上动身。不料他的秘书拦住陶渊明说：“参见这位官员要十分注意小节，衣服要穿得整齐，态度要谦恭，不然的话，他会在上司面前说你的坏话。”

一向正直清高的陶渊明再也忍不住了，他长叹一声说：“我宁肯饿死，也不能因为五斗米的官饷，向这样差劲的人折腰。”他马上写了一封辞职信，离开了只当了80多天的县令职位，从此再也没有做过官。

从官场退隐后的陶渊明，在自己的家乡开荒种田，过起了自给自足的田园生活，写下了许多优美的田园诗歌。

除诗之外，他还给后人留下不少精美的散文，其中最著名的有《桃花源诗并记》等。在这篇作品中，作者描绘了一个乌托邦式的空想社会，在那里没有动乱，没有朝代更迭，没有国家君臣，没有徭役赋税，百姓过着丰足、与世无争的美好生活。作者以优美的语言，使这篇作品产生了永久的魅力，以至后世人们一直把这种空想的社会称作“桃花源”。

故事解析

陶渊明可以说是蔑视名利、心性淡泊的代表，他还为脱离了世俗功利的人们找到了桃花源圣地，创造出自己理想的生活模式。

人生有限，名利是无止境的，只有适可而止，才能知足常乐。知足者能看透名利的本质，心中能拿得起放得下，心境自然宽阔。其实，名利本身并没有错，错在人为名利而起纷争，错在人为名利而忘却生命的真谛。一个人如果养成淡泊名利的人生态度，从容面对生活，他也就更容易找到乐观的一面。那么，不但自己活得轻松，与人交往也就会洒脱自然。

人生苦短，岁月易老。一个人如果欲望太多，生命该如何承受重负，人生又怎能获得快乐呢？因此，在人生的旅途，追求一种淡泊，坦然面对生活对你的赐予，包括所有的磨难和不公，用平和淡定的心态去看待社会现实中的一切。做一个真实的自我无须虚伪，无须奉承，无须圆滑，认认真真做事，踏踏实实做人！

淡泊名利是宽容心境才能达到的境界，心境宽广，才能在内心为自己铸造存寄灵魂的桃花源。

故事穿越

庄子，著名的思想家、哲学家和文学家，道家学派的主要代表人物。他一生淡泊名利，主张修身养性，顺应自然。

庄子除做过宋国漆园吏以外，没有做过其他的官。据《杂篇·秋水》记载，庄子在濮河钓鱼，楚国国王派两位大夫前去请他做官，他们对庄子说："想将国内的事务劳累您啊！"庄子拿着鱼竿没有回头看他们，说："我听说楚国有一只神龟，死了已有三千年了，国王用锦缎包好放在竹匣中珍藏在宗庙的堂上。这只神龟，它是宁愿死去留下骨头让人们珍藏呢，还是情愿活着在烂泥里摇尾巴呢？"

两个大夫说："情愿活着在烂泥里摇尾巴。"

庄子说："请回吧！我要在烂泥里摇尾巴。"

庄子视权贵如腐鼠。惠施在梁国做了宰相，庄子去见这位好朋友。有人报告惠子，道："庄子来，是想取代您的相位。"惠子很惶恐，派人在国都中搜了三日三夜。庄子见到他道："南方有只鸟，其名为鹓雏(一种类似于凤凰的大鸟)，您可听说过？这鹓雏展翅而起，从南海飞向北海，不是梧桐不休息，不是竹子的果实不吃，不是甜美如醴的泉水不喝。这时，有只猫头鹰刚抓到一只腐鼠，恰好鹓雏从头顶飞过。猫头鹰急忙护住腐鼠，发出'吓'的怒斥声。现在您也想因为您的梁国来吓我吗？"

庄子生活贫穷困顿，但他力图在乱世保持独立的人格，追求逍遥无恃的精神自由。他的散文大量采用并虚构寓言故事，想象奇特，极具浪漫主义风格，赢得无数文人学士的仰慕。

故事微语

庄子不为名利所动，自在、潇洒，我行我素，醉心于自己钟爱的文学、哲学研究，成为彪炳千秋的圣贤。

追求事业，要谨记淡泊名利地位。“名为招祸之本，利乃忘志之媒”。历史上争名者往往未必得名，夺利者未必获利。在名利得失上保持平常心，对名利地位看得淡一些，就不会在名利面前失去平衡摔跟头，就能随时保持心情轻松愉快。正确对待名利，一个人无论取得了怎样的成绩，都应该清醒地看到：个人的力量和作用是有限的。不计名利得失，不计荣辱进退，吃苦在前，享受在后，把自己的一切献给国家和人们。

人生总要有所追求，如果心中没有远大的志向，必然就会看重眼前的利益。要淡泊名利，需要的是充实思想，为之奉献勇于牺牲的精神，追求名利主要还是为了满足欲望。淡泊欲望不能淡泊志向。

只有以宽容大度的心态，更多地了解、学习先进，追求探索，弥补不足，才能真正规避多余的名利，进入永不止步、意趣无穷的人生美境。

心灵箴言

不以誉喜，不以毁怒。

——海瑞

有容乃大，无欲则刚。

——《古今楹联类纂》

胸怀广大，须从平淡二字用功。

——蔡锷

欲淡则心虚，心虚则气清，气清则理明。

——薛宣

从容不迫，淡定走我路

6 故事话题

李玉刚出生在贫困农家，18 岁时以优异成绩考取了吉林省艺术学院戏剧系，但家里承担不起昂贵的费用，只得忍痛放弃学业。倔犟的李玉刚打起背包走出家门，开始了追寻艺术梦想的闯荡。

为了寻找登台的机会，他来到长春一家歌舞厅当服务员。歌手演出完了，他就给他们捶背、按摩，几个月后终于赢得了一次登台的机会，却因缺乏经验、过于紧张失败了。但他并不气馁，继续寻找登台机会，颠沛流离了近一年，最困难时，连回家的路费都不够。

1997 年，西安一家大型歌舞厅找替补演员，李玉刚凭着较好的嗓音被留了下来，但规定，没演出时打扫卫生，每天 40 块钱。他接受了这样苛刻的条件。

1998 年夏天，歌曲《为了谁》风靡全国，歌舞厅安排李玉刚陪一位女歌手演唱，演出效果非常好。谁知有一天演出就要开始了，女歌手却不知去向，李玉刚心急如焚。正当艺术总监请老板拍板换节目时，李玉刚鼓足勇气提出一个大胆的请求：“男女声由我一个人唱。”

老板经过几秒钟的沉默后开口说：“看你平时唱的还行，那就试试吧！”在场的所有人都替李玉刚捏一把汗。令人吃惊的是，李玉刚竟然声情并茂地把这首男女声的歌唱了下来，女声部分自然、逼真，观众席爆发出雷鸣般的掌声和喝彩声。

无名小子李玉刚一下子在歌舞厅火了起来，成了歌厅的“台柱子”。这次意外中的勇敢一试，使李玉刚萌生了男扮女装演出的想法。从此李玉刚开始了梦想的追求，耗尽积蓄四处拜师学艺，经过 5 年的刻苦学习、训练，最终在央视《星光大道》节目中一举成名。

故事解析

激动人心的成功都是来自平淡持久的坚守。李玉刚就是以从容平淡的心态行走在艺术道路上，赢在一份坚定、执著。

俞敏洪是新东方教育科技集团董事长兼总裁。他指出，面对人生的得与失，以及种种不如意之处，我们应该生活在潇洒与豁达的心境中，不必计较太多。

如果你身材不好、面貌不佳，不妨告诉自己：“在身材和面貌之外，我还有很多精神、文化、气质，这些都是可以不断提高的。身材不能提高，但是灵魂可以提高。”

邓小平身材不魁梧，面貌也不英俊，但是在这个世界上没有人敢说邓小平不伟大。因此，你不能太在意别人对你的看法，更何况，别人的看法会随着你的进步而发生改变。

是的，一个人，只要内心有所坚守，抬头或低头不过是无足重轻的外在形式。抬头时，便看云；低头时，便看路。淡泊宁静，自然从容。这才是人生的大智慧。

故事穿越

他以“如意”作为自己生活、工作的准则和幸福的标准。他的生活公式即：过最简单的物质生活，做最丰富的精神思考，用最少的物质需求带来最大的精神财富。

他有10双同一款式的黑布鞋，20件同一款式的白上衣，20条同一款式的卡其布裤。因为合适、喜欢，碰上了便一次性多多地买回来，整整齐齐地摆放在衣帽间里，要用的时候伸手可及，省得再花时间。

一个生活如此简约的人，从4岁起就开始画漫画，每天坚持凌晨三四点钟起床，他用过的纸张堆积起来的高度已无法计算。

他有一位恩师，初中时，那位老师面对这个陷入困顿的勤奋而又天赋卓然的少年说：“并不是每个人都必须取得完整的学历，它因人而异。你需要的是尽早找到你自己的路，而不是像其他人一样完成学业。”

于是，那个暑假，他只身离家，带着满脑子汹涌的想法，到了一个他向往了很久的美丽小镇，静心画画、写作，两周后，他把书稿交给出版社，出版社立即决定出版。当时他15岁，等到他20岁时，已出版了200多本书，平均不到9天一本。

他有一个数学考过零分的女儿。他不像其他家长那样责备她，他说因为她其他功课都考满分。这个女儿14岁前就边完成学业边独自环游了小半个地球。

信守着自己的公约，他40余年专心从事着自己喜欢而拿手的工作，过着如意而幸福的生活。

他就是著名漫画家蔡志忠。

故事微语

蔡志忠的恩师给了他中肯的建议，而他有着灵活聪慧的头脑，从此他在自己绘画的道路上淡定前行，早早取得了骄人的成绩。

任何一个在事业上成功的人，遇事都能保持轻松从容的心情。成功的人在碰到逆境的时候，也能保持沉着、冷静的心态，并随时准备着捕捉和发掘新机会，以及了解和对付新的问题。

不管在何种场合，如果能够保持从容不迫、顺应自然的态度，那么，任何事情都能应付自如。一些伟大的人物都是一些“镇静”的高手，面对突然变故，仍然镇定自若。因为他们懂得，不能慌，慌则无法思考应对的妙招。如果他们慌了，那么周围的人更没有主见，那就慌作一团了。因此，他们大都大喝一声：“慌什么?”这一半是对别人说的，

一半则是自我暗示。

人在所有的场合都应当从容行事，不管遇到什么情况，阵脚不能乱。有句成语叫“方寸不乱”，“方寸”指的就是心，保持“方寸”不乱就是“治心”。从容淡定，除了有助于事业的成功，更重要的还在于体现人的境界、胸怀，只有真正成熟的人才能做到。

心灵箴言

不戚戚于贫贱，不汲汲于富贵。

——陶渊明

修身以寡欲为要，行己以恭俭为先。

——《古今图书集成·学行典》

君子之行，静以修身，俭以养德，非淡泊无以明志，非宁静无以致远。

——诸葛亮

只要你在业务上勤奋，你就会变得博学；只要你勤俭节约，你就会富裕；只要你清心寡欲，你就会健康；只要你行善积德，你就会心情畅快。只要你这么做了，至少会有取得这些成就的机会。

——[美] 富兰克林

心如止水，不因小事动干戈

6 故事话题

南非的民族斗士曼德拉，因为领导反对种族隔离斗争而入狱，白人统治者把他关在荒凉的大西洋小岛罗本岛上 27 年。当时尽管曼德拉已经高龄，但是白人统治者依然像对待一般的年轻犯人一样对他进行残酷的虐待。

罗本岛位于开普敦西北方向 11 千米的桌湾。岛上布满岩石，到处都是海豹和蛇及其他动物。曼德拉被关在总集中营一个“铁皮房”，白天打石头，将从采石场采的大石块碎成石料。有时从冰冷的海水里捞取海带，还做采石灰的工作。因为曼德拉是要犯，专门的看守就有 3 人，他们总是寻找各种理由虐待他。

但是，当 1991 年曼德拉出狱当选总统以后，他在总统就职典礼上的一个举动震惊了整个世界。

总统就职仪式开始了，曼德拉起身致辞欢迎他的来宾。他先介绍了来自世界各国的政要，然后他说，虽然他深感荣幸能接待这么多尊贵的客人，但他最高兴的是，当初他被关在罗本岛监狱时，看守他的 3 名前狱方人员也能到场。

他邀请他们站起身，以便他能介绍给大家。曼德拉博大的胸襟和宽容的精神，让那些残酷虐待了他 27 年的白人无地自容，也让所有到场的人肃然起敬。看着年迈的曼德拉缓缓站起身来，恭敬地向他们致敬，整个世界都静下来了。

后来，曼德拉向朋友们解释说，自己年轻时性子很急，脾气暴躁，正是在狱中学会了控制情绪才活了下来。他说，感恩与宽容经常是源自痛苦与磨难的，必须以极大的毅力来训练。

故事解析

心如止水是宽容、大度心态最为极致的境界了。经历了大苦大难的曼德拉终于修炼到了这样近乎神圣的地步，所以他具有了扭转南非悲惨境地的智慧与力量。

一个不计较别人过失的人，一定是个宽容豁达，乐观正直的人。理解原谅别人的同时，也会让自己的心灵得到慰藉，你会发现自己的心态越来越阳光，幸福的感觉越来越浓烈，与别人的交往也越来越融洽。很多时候，好性格就是这样培养出来的。

中国有句古话，叫作：“做人留一线，日后好相见！”这也就是说，退后不计较的心态，看似善待了别人，其实是善待了自己。

人们常说：“凡事不能不认真，凡事不能太认真。”一件事情是否该值得计较，要视具体情况而定。其实，很多时候，面对一些不影响大局的小错误，还是退后一步比较好，因为无谓的计较，只会弄得两败俱伤。退一步，就是碧海蓝天；退一步，就是不同的世界，换个思维想一想，很多事情就都迎刃而解了。

人生真的不需要计较，只要放下它，抬眼望去，定是一片春暖花开的胜景！

故事穿越

《红楼梦》中的薛宝钗是一个善于容人的典范。黛玉、宝玉和宝钗构成了一种微妙的“三角”关系。对于宝钗与宝玉的亲近，孤傲清高的黛玉自然心怀嫉妒，每有机会，黛玉总要醋溜溜地贬损宝钗一番。宝钗总是采用恰当而巧妙的办法予以化解，努力争取和平共处。

一次，贾母等人猜拳行令随意玩乐，黛玉无意中说出了几句《西厢记》和《牡丹亭》中的艳词。好在许多人没有听出来，但此事瞒得过别人却瞒不了宝钗，然而她却没有感情用事，当场让黛玉难堪。

事后，宝钗找到机会叫住黛玉，提醒她自己的错误，黛玉意识到后，她便不再往下追问。这种适可而止的宽恕态度让黛玉觉得感激。然后宝钗还设身处地开导黛玉，事后守口如瓶，没有向任何人透露一点黛玉失言之事。她的信守诺言，使黛玉改变了对她的成见。两人达成和解。

宝钗善解人意，珍重友情。她深知黛玉心中的苦楚，黛玉生病，她来探望，当得知黛玉怕别人说三道四而不愿熬燕窝时，立刻将自己家的燕窝送给黛玉吃。黛玉悲叹自己孤苦伶仃，她便劝慰道：“你放心，我在这里一日便与你消遣一日。你有什么委屈繁难只管告诉我，我能解的替你解一日。”宝钗又说：“我虽有个哥哥，但你也是知道的，只有个母亲比你略强些，咱们是同病相怜！”一个同病相怜，一下子使两颗心紧紧贴在一起。

黛玉最初对宝钗抱有敌意，后来却视宝钗为可靠的知己。

故事微语

宝钗品性温厚，即使是出名小气量的黛玉都被她悉心感化，这都是真正宽厚、宽容的品质的力量。

每个人都会犯错，如果因为犯错就愤恨，那世界会被熊熊怒火燃成灰烬。就像放掉手中的大石头一样，放手让气愤和怨恨离开自己的身体。抱着“大石头”会让生活过于沉重，放掉它才能减轻负荷，才能获得真正的自由和好运。

俗话说：“忍一时风平浪静，退一步海阔天空。”生活中当我们用一颗宽恕的心对待别人时，同样也会为自己开创出一片新天地。

我们要学会宽恕，即使是对一些侵害过我们利益或伤害我们感情的人也要适当地容忍。假如人人都能行宽恕之举，世界将变得更加可爱。

心灵箴言

宽宏精神是一切事物中最伟大的。

——[英] 欧文

宽容意味着尊重别人的任何信念。

——[美] 爱因斯坦

忍耐是痛苦的，但它的结果是甜蜜的。

——[法] 卢梭

宽恕而不忘却，就如同把斧头埋在土里而把斧柄留在外面一样。

——[美] 巴斯克里

第二篇

不计前嫌，让心胸更加开阔

土地宽容了种子，于是拥有了收获；大海宽容了江河，于是拥有了浩瀚；天空宽容了云雾，于是拥有了神采；人生宽容了遗憾，便拥有了未来。

心中有愁有恨的人，如同身陷心牢仇城的囚徒，不得自由；只有摆脱烦恼，走出恨狱，才能重获自由自在的生命！

放下恩怨，不用别人的错误惩罚自己

故事话题

前苏联著名作家叶夫图申科在《提前撰写的自传》中，讲到过这样一则十分感人的故事：1944 年的冬天，饱受战争创伤的莫斯科异常寒冷，两万德国战俘排成纵队，从莫斯科大街上依次穿过。大批苏军士兵和治安警察，在战俘和围观者之间，隔出了一道警戒线，用以防止德军战俘遭到围观群众愤怒的袭击。

这些老少不等的围观者大部分是来自莫斯科及其周围乡村的妇女。她们之中每一个人的亲人，或是父亲，或是丈夫，或是兄弟，或是儿子，都在德军所发动的侵略战争中丧生。她们都是战争最直接的受害者，都对悍然入侵的德寇怀着满腔的仇恨。

突然，一位上了年纪、穿着破旧的妇女走出了围观的人群。她平静地来到一位警察面前，请求警察允许她走进警戒线去好好看看这些俘虏。警察看她满脸慈祥，没有什么恶意，便答应了她的请求。于是，她来到了俘虏身边，颤巍巍地从怀里掏出了一个印花布包。打开，里面是一块黝黑的面包。她不好意思地将这块黝黑的面包，硬塞到了一个疲惫不堪、拄着双拐艰难挪动的年轻俘虏的衣袋里。

年轻俘虏怔怔地看着面前的这位妇女，刹那间已泪流满面。他扔掉了双拐，“扑通”一声跪倒在地上，给面前这位善良的妇女，重重地磕了几个响头。其他战俘受到感染，也接二连三地跪了下来，拼命地向围观的妇女磕头。

妇女们都被眼前的一幕所深深感动，纷纷从四面八方涌向俘虏，把面包、香烟等东西塞给了这些曾经是敌人的战俘。

叶夫图申科在故事的结尾写了这样一句令人深思的话：“这位善良的妇女，刹那之间便用宽容化解了众人心中的仇恨，并把爱与和平播种进了所有人的心田。”

故事解析

能够对夺取无数亲人生命的战俘表现出宽宏大量，不计前嫌，脱离罪恶战争的苦海，重归人性的光明，这样的眼光与心胸感人至深、催人泪下，就像圣洁的白雪涤荡了蒙尘的大地。

宽恕，是一种正向的人格特质。它包含了快乐，也包含了对他人的信心，表现出心灵的泱泱大度。它非关逻辑，出人不意，有时更是非常人所能及，它让我们脱离仇恨的锁链束缚。无论是谁践行了宽恕法则，都会觉得心神振奋，心灵得到了升华。

宽恕，能使自己保持一种恬淡、安静的心态。生活不可能总是春光明媚，花香烂漫，天色常蓝，事事如愿。生活有如梦如幻的精彩，也有很多无奈。因而要成为一个生活的强者，就应豁达大度，笑对人生。有时一个行为、一个微笑、一句幽默，就能化解人与人之间的怨恨和矛盾。

宽恕能使自己的生活变得轻松而快乐，经历过风风雨雨，才能领悟到人生的苦与乐、爱与恨，才知道人生中应该忘记什么，原谅什么，放弃什么，学会什么。

故事穿越

春秋时期中叶，秦国与晋国在中原地区争霸。数十年间，双雄战事不断，互有胜负。

有一年，秦穆公和晋惠公各自亲率大军，在韩原地方交战。结果晋国打了败仗，惠公仓皇逃命，却不料坐骑陷足于泥泞之中，不能行走。穆公及麾下将士见状，飞也似的追赶上去，想要擒掳惠公。可是还没追上，晋国的军队就重重地包围了过来，反而把秦穆公给困住了。

晋军见机发动猛烈的攻势，并把秦军阻挡在外围，切断救援。眼看穆公就快被晋军击杀了，秦军却是一筹莫展。就在生死存亡之际，秦国阵中冲出一小支队伍，向晋军直撞了过去。只见他们个个奋不顾身，拼死冲锋，终于把晋军的包围网撕开了一个缺口，救出了穆公。

其他秦军见机不可失，趁此如虹气势，乘胜追击，杀得晋国溃不成军，反而将晋惠公给俘虏了。

原来在开战之前，秦穆公有一匹很好的马逃脱，跑到岐山附近。当地居民捕获之后，便煮熟吃了。负责马政的官吏把吃过马肉的300多人全都捉了起来。穆公知道这件事后，便说："仁人君子，不可为了牲畜的事情，却杀害了人的性命。我曾经听说，吃了好马的肉，一定要饮酒，否则有伤身体。"便命人将他们放回，并各赐一瓶酒，赦免他们偷吃马的罪责。

这300多人无不喜出望外，感怀穆公恩德，便一同投身军旅，为国效命。正是他们，在千钧一发的时刻，舍命救出秦穆公，扭转了战局。

故事微语

秦穆公痛失良马，却宽容大度，对私自宰马吃肉者大赦无罪，深得人心。在自己生死攸关的紧要关头，得到回报，大难不死，获得胜利。这就是宽容待人处事的魅力。

宽容就是以常人的心态去面对周围发生的不正常的事，这些事中可能是别人的错误、失误、甚至有意的伤害。如果采取不宽容的方式，其结果可能就是争端。

宽容就是要有宽阔的胸怀。“金无足赤，人无完人”，宽容错误、缺点、冒犯，多一份理解，换位思考，主动沟通。

心灵箴言

度尽劫波兄弟在，相逢一笑泯恩仇。

——鲁迅

泰山不让土壤，故能成其大；河海不择细流，故能成其深。

——李斯

紫罗兰把它的香气留在那踩扁了它的脚踝上，这就是宽恕。

——[美] 马克·吐温

君子之道，忠恕而已矣。己所不欲，勿施于人。我不欲人之加诸我也，吾亦欲无加诸人。

——《论语》

舍弃包袱，让脚步更加轻松

6 故事话题

1796年的一天，德国哥廷根大学，一个19岁的很有数学天赋的青年吃完晚饭，开始做导师单独布置给他的每天例行的3道数学题。

前两道题目在两个小时内顺利地完成了。第三道题写在一张小纸条上，要求只用圆规和一把没有刻度的直尺做出正17边形，让青年感到很吃力。

困难激起了青年的斗志：我一定要把它做出来！他拿起圆规和直尺，在纸上画着，尝试着用一些超常规的思路去寻求答案。终于，当窗口露出一丝曙光时，他做出了这道难题！

见到导师时，青年感到有些内疚和自责。他对导师说："您给我布置的第三道题我做了整整一个通宵，我辜负了您对我的栽培……"导师接过青年的作业一看，当即惊呆了。他用颤抖的声音对青年说："这真是你自己做出来的？"青年有些疑惑地看着激动不已的导师，回答道："当然，但是，我很笨，竟然花了整整一个通宵才做出来。"

导师请青年当着他的面重做，他很快完成了。导师激动地说："你知不知道，你解开了一道有2000多年历史的数学悬案？阿基米德没有解出来，牛顿也没有解出来，你竟然一个晚上就解出来了！你真是天才！"

多年以后，这个青年回忆起这一幕时，总是说："如果有人告诉我，这是一道有两千多年历史的数学难题，我不可能在一个晚上解决它。"

这个青年就是数学王子高斯。

故事解析

这个故事就是一个完全放下包袱，取得突破的实例。高斯的导师把千年难题当作普通的作业交给高斯，正是希望自己的学生能够有所开拓，高斯不负重望，成功解决了难题。

可见，心无挂碍是多么可贵，它能够让人充分施展才华，尽早尽快成功。现实生活中，由于不够宽容大度，很多人都心存种种羁绊，不能完美展现自己的能量，短暂的人生留下诸多遗憾。

唯有一种透明的心态、透明的心情和一种光明磊落的阳光个性，才能够博得别人对我们的信任，也才能排除我们人生发展中的障碍，让我们与周边环境的相处变得和谐起来，从而获得最终的人生成功。

开阔的心胸是能够甩开心理负担的重要原因之一。对人对事，尽量理解、尊重，对人际关系不斤斤计较，方能放下困惑、疑虑，直视目标，用发展的办法完成问题的克服，前进的速度、质量都会得到改善和提高。

故事穿越

拿破仑称得上是一位伟人，但是他心胸狭窄，以致他失去了世界霸主的地位，以失败结束了传奇的一生。

19世纪前的某一天，美国发明家富尔顿来到了金碧辉煌的凡尔赛宫。他刚发明了蒸汽机铁甲战船，正兴致勃勃地向拿破仑建议，用之取代当时法国的木制舰船。

毫无疑问，蒸汽机铁甲战船比木制战船要先进得多，威力也不可同日而语。眼看拿破仑就要被富尔顿说动，准备采纳富尔顿的建议时，拿破仑突然脸色陡变，两眼放射出难以抑制的怒火，眼睛直逼向富尔顿。

合作告吹了，而莫名其妙的富尔顿也许永远不会知道，他失败的原因完全在于他毫不在意地顺口恭维了拿破仑一句："伟大的陛下，您将成为世界上真正最高大的人！"富尔顿想表达的是"高贵""崇高"的意思，

但他一不留神把法语的“高贵”“崇高”一词说成了“高大”。恰恰富尔顿自己身材高大，这一下正好击中了拿破仑最自卑、最害怕被别人嘲笑的生理短处——个子很矮。

拿破仑又自卑又嫉恨，他对高个子的富尔顿咆哮道：“滚吧！先生！我不认为你是个骗子，但认为你是个十足的蠢货！”

这之后，富尔顿的发明专利被英国购买，自此英国凭借强大的海军，确立了世界海上霸主的地位，法国却远远落在了后面。

20世纪30年代末，爱因斯坦在建议美国总统罗斯福迅速研制原子弹的信里，重提旧事：“总统先生，如果1803年拿破仑接受了你们的富尔顿关于建造蒸汽机军舰的建议，今天的世界格局将不会是这样！”

故事微语

拿破仑败在不够豁达、宽容，总是耿耿于怀自己天生的缺点，从而失去了一个时代。

人生途中，很多事情都不在掌握之中，但是可以灵活地把握自己，及时地扭转方向，这样才能换来柳暗花明。类似钻牛角尖的坚持是不可取的人生态度。试着放下无法改变的不利事实，多看到好的一面，及至因势利导，化不利为正面的因素，用坦然、大度的心胸掌控自己的人生，坚定驶向真理与成功。

人生的苦恼多半来自于自我困扰，很多时候不是因为拥有的少，而是以为自己能够得到更多。当现实和想象有距离时，这时候烦恼和失望就出现了，然后就开始自我折磨，认为自己的人生是失败的，这种没有意义的自怨自艾只是跟自己较劲。如果能够把这些无谓的计较放在与命运的抗争上，肯定是另一番风景。

心灵箴言

莫言名与利，名利是身仇。

——杜牧

谁知将相王侯外，别有优游快活人。

——白居易

完美的行为产生于完全的无功利之心。

——[意] 切萨雷·帕韦泽

贪财，权欲和虚荣心，弄得人痛苦不堪，这是大众意识的三根台柱，无论何时何地，它们都支撑着毫不动摇的庸人世界。

——[苏联] 艾特列托夫

吃亏是福，不计较个人得失

故事话题

郭台铭今天能够成为台湾地区首富，和他顾全大局的思维方式有着密不可分的关系。一个普通的商人只会关心赚钱多少，而一个商业大家考虑的则会是方方面面的收益，这就是成功和伟大之间的差距。

郭台铭将自己的鸿海精密集团办成了首屈一指的大企业。经过艰辛的打拼，他的企业终于走上正轨，各地的订单如同雪片一样飞来，企业利润迅速增长。这年年初，郭台铭接到一笔大订单，企业的高层为这个订单兴奋不已。一旦完成这个订单，集团将迅速扩大，傲视群雄。就在集团上下摩拳擦掌，所有人都铆足了力气准备大干一场的时候，郭台铭突然做出了一个让大家意想不到的决定：他已经向几个关系不错的同行发出邀请，希望大家能和他一起完成这笔订单。

几年后，郭台铭的经营遭遇到危机。当企业陷入困境时，当初郭台铭帮助过的同行们纷纷伸出援手。有很多根本不认识郭台铭的人，也竭尽所能地给予帮助。那次的危机让郭台铭的企业再次成了万众瞩目的焦点。人们惊奇地发现，这个商人的人缘和魅力，居然可以使他得到那么多人的帮助。一个和郭台铭有多年生意往来的朋友，在接受采访时说道：“像郭台铭这样重情重义的人，如果不帮他，我的良心都会不安。”

分享是一座天平，你给予他人多少，他人便回报你多少。相反，如果你是一个自私的人，那么你就永远也不会得到真正的快乐，永远交不到知心的朋友！

故事解析

郭台铭心胸特别开阔，转让订单的事情都能够做到，胆识真的过人。

是金子，别人总会看到你放出的光芒。因此，不要过于计较眼前的利益。付出之后。收获自然会随之而来，只是时间早晚的问题。那种总是在等待别人先付出后，自己才肯付出的人，其实已经在无形中陷入了某一种被动的境地，间接地弱化了自己本身具有的能量，自然难以吸引来正面的能量。

在放弃和压抑之间是存在着原则性区别的。一个人如果压抑他所有的欲望和希望，认为他们根本不可能实现，那么他就有可能走上一条悲剧性的道路。但敢于大胆放弃的人就不是这样，他们很清楚地认识到，那些欲望是根本不可能实现的，没有任何价值，在放弃之后，他们的内心变得更为坚强有力。

他们敢于直面人生，也清楚地知道自己为什么要那么做。为了长久永恒的幸福，宁愿放弃一些暂时的诱惑。如果一个人能够这样做，那么他便懂得放弃中也包含着丰富的人生智慧，他就不会再压抑自己。我们直面人生中的诱惑并能放弃它们，坚信只有这样才能实现永恒、真正的幸福，这样的话，我们便不再感到内心的冲突和精神上的重负。

故事穿越

犹太人格森在日本经营着一家清酒公司，有一次，公司开发出一种新品牌的清酒，在扩大市场的过程中，遇到一个潜在的大客户龟田，这个客户开了10家连锁饭店。

格森多次上门拜访龟田，每一次都吃了闭门羹，对方不是态度冷淡，就是敷衍了事。这一天，他带着希望再度尝试。

走进龟田的办公室，刚想向他打招呼，龟田就用力地拍了一下桌子，冲着他喊："怎么又是你，我不是跟你说了吗，我很忙，没有工夫和你浪费时间。你快走吧，别再来烦我了。"

格森立刻用和客户几乎一样的紧张语气说："你怎么了，龟田君，我每次来拜访你的时候，都发现你的情绪不好，你是不是有什么不顺心的事呀？我可以坐下来和你谈谈吗？"

格森说完之后，龟田马上平静了下来，脸上的怒气也随之消失。格森很和气地继续说道："我想你一定是遇到了什么不顺心的事情。能跟我说说吗？”

龟田也和气地说：“你猜对了，最近我确实很烦。今年下半年计划开 3 家分店，什么东西都准备好了，结果上个月我的 3 个分店经理都让我的竞争者以高薪给挖走了，你要知道，为了培养他们，我可是花了不少力气的。你说我能不生气吗？”

格森听了也诉起了自己类似的苦水，接下来的几分钟，他们相互倾诉：现在的人才是多么难寻找，员工是多么难培养……最后，格森站起来拍拍龟田的肩膀，说：“好了，龟田君，让我们忘了这些烦心的事吧。正好我车上带了一箱新的清酒，搬下来你先免费尝一尝，不管味道怎么样，过两个星期，等我们两人都把问题解决了以后，我再来拜访你。”

龟田顺口说：“好吧！那你就先搬下来再说吧。”结果可想而知，龟田成了格森的大客户。

故事微语

在整个谈话的过程中，格森始终没有谈及自己的产品，而是花了大部分时间与龟田促膝聊天，沟通烦恼，与之建立了感情的共鸣，这样他就自然而然地谈成了生意。

要想和谐地与别人相处，不仅需要自己取得成功，还要使别人也取得成功。这就如同是两个生意上的合作伙伴一样，只有双方都能从中获得利润，实力越来越强，彼此的合作才能更加牢固和持久。

在帮助别人的同时，使别人获得成功，你自己也会从中受益，享受成功，从而获得完美和谐的结局。

放弃私欲感知和谐。帮助别人，使别人也成功达到目的地，是一种和谐的智慧。当你为了满足别人的愿望做事的时候，或许在有些人眼里，你所流的汗水没什么价值，但是最终，获得人生收获的只有你自己。

心灵箴言

世界上没有便宜的事，谁想占便宜谁就会吃亏。

——徐特立

愚蠢庸俗、斤斤计较、贪图私利的人总是看到自以为吃亏的事情。

——[德] 马克思

后退的人都是暂时吃亏，给别人一条路就等于又给自己找了一条出路。

——倪萍

老实人，敢讲真话的人，归根到底，于人民事业有利，于自己也不吃亏。

—— 毛泽东

放大优点，每个人都有闪光一刻

6 故事话题

美国作家杰瑞•哈伯特曾经写过他小时候的一段回忆：

有一位我很熟悉的老妇人，是我在威斯康星州的迈阿密送报纸时的一位客户。

1954 年岁末，我 12 岁。在一个风和日丽的午后，我正和一个朋友躲在那位老妇人家的后院里朝她的房顶上扔石头，觉得开心有趣。

我拾起一枚表面很光滑的石头，不小心扔歪，砸到了老妇人家后廊上的一个小窗户上。玻璃碎了，我们像兔子一样飞快逃走了。

那天晚上，我很害怕，担心被她抓住。很多天过去了，一点动静都没有，我确信已经没事了，但我的良心却开始感到一种深深的犯罪感。每天给她送报纸的时候，她仍然微笑着和我打招呼，但是我却觉得很不自在。

我决定把我送报纸的钱攒下来，给她修理窗户。3 个星期后，我已经攒下 7 美元，已经足够了。我把钱和一张便条一起放在信封里，在便条上向她解释了事情的来龙去脉，并且表示抱歉。

一直等到天黑我才鬼鬼祟祟地来到老妇人家，把信封投到她家的信箱里。我的灵魂感到一种赎罪后的解脱。

第二天，我去给老妇人送报纸，又能坦然面对她了。她为报纸的事谢过我之后说：“我有点东西给你。”原来是一袋饼干。我谢了她，然后就边吃饼干边继续送报纸。

吃了一会儿后，我发现一个信封，里面是 7 美元和一张便条，上面写着：我为你骄傲！

故事解析

老人的大度与及时的赞美鼓励令作家终身难忘，他勇于承担责任的美好品质得到固化，而且还学到了宽容、积极的为人处世的心态，对他的一生都受益不尽。

只要你能用自己的爱心给别人带来欢乐，你自己也将会享受到其中的愉悦和幸福，更能够创造出与人和谐的关系。

在很多情形下，你当然要保持自己的高风亮节，但你必须要学会以一种宽容的心态去看待体现在别人身上的人性的缺陷，同流合污固然要不得，但求全责备，也是和谐处世的大敌。

为了开创良好的人际氛围，不仅需要宽容他人的不足，对别人的优点在发现后要放大，以它的光芒照亮更多人际的阴暗，进而形成一片明媚的天空。

故事穿越

几年前，一个叫吴铭的12岁的男孩，随同父母移民到了美国，进入一所私立学校学习。吴铭发现自己与周围格格不入，他努力争取认同却只换来嘲笑。父母也面临着同样的问题，他们顾不上吴铭，反而认为他不懂事，净给大家添麻烦。小吴铭终于发现，人在社会上的生存，唯一所能依靠的只有自己。

他意识到只能在他和当地孩子们的差异上做文章。于是有一天，他有意带了一张中国剪纸去上学，并故意让同学们看到这张美丽的作品，当场剪了几张。那些孩子们惊呆了，发出夸张的呼声：上帝啊，这是什么，竟然如此美丽……

其实，小吴铭为了练习剪纸，在家中把自己的手剪得鲜血淋漓。这次事情之后，小吴铭在孩子们的心中很快有了地位。

没多久，父母考虑回国。小吴铭也渴望返回遥远的家乡，但他正准备开一家中国餐馆，让当地人品尝到中国美味的饭菜。

父母冷冷地拒绝了他的建议，但小吴铭不肯放弃。他奔跑在居民社区的周围，调查当地人对中国饭菜的印象，并请求他的老师帮他作了一份融资申请。拿着这份申请，他一个人怯生生地走进了银行。出乎意料的是，银行批准了这一贷款要求，贷给他15万美金。

父母惊得目瞪口呆。中国菜馆开张了，当天宾朋满座，营业额高达7000美金，吴铭只用了两个月就还清了银行的贷款，成为当地的“有钱人”。

故事微语

在陌生的国度，小吴铭为了打开局面采用了放大优点的方法，很快征服了新的同学，还为自己赚得人生第一桶金。

能够及时地以自身独有的长处扭转人际态势，是小吴铭在以包容的心态接受全新的境遇后的理智选择。在人际交往中，一个人的自尊、尊严很大程度上取决于自己的价值，而只有自己，才能将自身内在的价值表现出来。

在崭新的环境，及时、友好地释放自己的能量，就能很快得到认同，开拓良好的人际环境，为自己最终的发展提供良好的前提。

心灵箴言

在一切创造物中间没有比人的心灵更好更美的东西。

——[德] 海涅

如果想要得到好评，就不要过分地罗列自己的优点。

——[法] 巴斯卡

能从别人的过错中看出他的优点，那才是最聪明的人。

——[意] 德伦西

我的生活经验使我深信，没有缺点的人往往优点也很少。

——[美] 林肯

盖聪明疏通者戒于无断，湛静安舒者戒于后时，广心浩大者戒于遗忘。

——《资治通鉴》

换位思考，更能了解他人的想法

故事话题

为人处世要学会换位思考。所谓换位思考，就是设身处地地为他人着想，即想人所想，理解至上。对此，有则小故事很能说明问题。

甘地生前有一次外出，在火车将要启动的时候，他急匆匆地踏上车门，不小心一只脚被车门夹了一下，鞋子掉在了车门外。火车启动后，他没有犹豫，随即将另一只鞋脱下来，也扔出窗外。

一些乘客不解地问他为什么要把另一只鞋也丢掉？甘地说："如果一个穷人正好从铁路旁经过，他就可以得到一双鞋，而不是一只鞋。"

甘地之所以被称为"圣雄"，就在于他能时时处处站在底层人的立场想问题，时刻将穷人的苦难视为自己的苦难。以一国首脑之尊仍能设身处地为穷人着想，并由此产生崇高的大悲悯情怀，足见换位思考的意义之非同寻常。

故事解析

做任何事情都要在宽容的心理基础上，先进行一下换位思考，唯有换位思考才能产生同理心，才能找到对方的需求，才能更好地理解别人并帮助别人，进而让自己的付出能有个好的着力点。这样做可以给自己减轻烦恼和痛苦，同时更可以给对方减少麻烦。最终是大家都很快乐，何乐而不为呢?

换位思考是基本的道德教谕。古往今来，从孔子的“己所不欲，勿施于人”到《马太福音》的“你们愿意别人怎样待你，你们也要怎样待人”，不同地域、不同种族、不同宗教、不同文化的人们，说着大意相同的话。可见换位思考是我们每个人都应该做到的事。换位思考是我们学会做人、学会做事的第一步。所以我们在做每件事情之前，要先站在别人的角度考虑一下，如果我们自己都不希望这样的事情发生，那么我们就不要去做这件事。

将心比心，设身处地，是达成理解不可缺少的部分，它要求我们站在对方的立场上思考问题，从而与对方在情感上得到沟通，它既是一种理解，也是一种关爱。在遇到不顺心事的时候，不要去埋怨，不要去指责，换个角度，换个思路，你会发现，世界大不一样。

人们常说“要以责人之心责己，要以宽己之心宽人”。在现实生活中，在实际工作中，如果遇事都能够学会换位思考一下，心情就会好很多，烦恼就会少很多，教训和经验总结就会有很多，成长进步当然也会快很多。人生道路很长，途中我们会遇到许许多多烦恼的事，这些事或大或小地困扰着我们，不论哪些事，都可从不同的角度看。

正如苏东坡所说“横看成岭侧成峰，远近高低各不同，不识庐山真面目，只缘身在此山中。”如果万事都能学会换个角度去看，学会换位思考，那么生活中就会多一些理解，就会减少许多不必要的烦恼，增添不少快乐，那笑意将永远在我们脸上荡漾，我们的生活将充满灿烂的阳光。

故事穿越

拿破仑在长期的军旅生涯中养成了宽容他人的美德。作为全军统帅，批评士兵的事经常发生，但每次他都不是盛气凌人的，他能很好地照顾士兵的情绪。士兵往往对他的批评欣然接受，而且充满了对他的热爱与感激之情，这大大增强了他的军队的战斗力和凝聚力，成为欧洲大陆的一支劲旅。

在征服意大利的一次战斗中，士兵们都很辛苦。拿破仑夜间巡岗查哨。在巡岗过程中，他发现一名巡岗士兵倚着大树睡着了。拿破仑深知士兵们的辛苦和劳累，所以他没有喊醒士兵，而是拿起枪替他站起了岗，大约过了半小时，哨兵从沉睡中醒来，他认出了自己的最高统帅，十分惶恐。

拿破仑却不恼怒，他和蔼地对他说："朋友，这是你的枪，你们艰苦作战，又走了那么长的路，你打瞌睡我非常理解并且感同身受，但是目前，一时的疏忽就可能断送全军。我正好不困，就替你站了一会儿，下次一定小心。"

拿破仑没有破口大骂，没有大声训斥，没有摆出元帅的架子，而是语重心长、和风细雨地批评士兵的错误。有这样大度的元帅，士兵怎能不英勇作战呢？如果拿破仑不宽容士兵，那只能增加士兵的反抗意识，丧失他本人在士兵中的威信，削弱军队的战斗力。

故事微语

拿破仑的军队能够屡战屡胜，创造神话，很大程度上得益于他对下属宽容、关爱的态度。这种仁义之心为他赢得广泛的人缘，凝聚起非凡的力量。

拿破仑宽容下属的关键就在于能够与对方将心比心，充分理解对方的感受，设身处地为对方着想，所以他的言行都能够体贴到对方的内心，让温馨的人情融化彼此的隔阂。

常言道："大事清楚，小事糊涂"，这是调节生活矛盾最好的方式。意即对待原则性的问题要清楚明了；而对生活中那些无原则问题的小事，就没必要认真计较了。从心理学角度看，一个人能够将那些不好听的话或不喜欢的事，视而不见、听而不闻，即听、即看、即忘，这种小事糊涂的心态，不仅是生活的一种态度，亦是幸福快乐的秘诀之一。

宽容是一种艺术，宽容别人，不是懦弱，更不是无奈的举措。在短暂的生命里学会宽容别人，能使生活中平添许多快乐，使人生更有意义。正因为有了宽容，胸怀才能比天空还宽阔，才能尽容天下难容之事。

心灵箴言

人的心只有拳头那么大，可是一个好人的心是容得下全世界的。

——[意] 罗大里

宽容就像天上的细雨滋润着大地。它赐福于宽容的人，也赐福于被宽容的人。

——[英] 莎士比亚

生活中有许多这样的场合：你打算用忿恨去实现的目标，完全可能由宽恕去实现。

——[英] 西德尼·史密斯

人们应该彼此容忍：每一个人都有弱点，在他最薄弱的方面，每一个人都能被切割捣碎。

——[英] 济慈

第三篇

包罗万象，成全多元化的世界

宽恕，是一种海纳百川的胸襟，是一种吞吐万物的气量，是一个强力的方法，能够立刻将人从痛苦和愤怒的低振动频率，转换到爱和幸福的高振动频率。宽恕更是一剂良药，能让人纯净、轻松和自由，让人获得更广阔的生命空间。

性格差异，没有一模一样的叶子

6 故事话题

有一对孪生兄弟，同时进入高考考场。结果，哥哥收到了大学录取通知书，弟弟则以两分之差名落孙山。兄弟俩长相酷似，性格各异。哥哥忠诚敦厚，弟弟活泼机灵；哥哥拙于言辞，弟弟口若悬河。愁眉不展的老爸默思了两个通宵，终于眨巴着眼睛向大儿子开口了："让给弟弟去读书吧，他天生是个读书的料！"

开学了，弟弟背着行囊走进了大都市的高等学府。哥哥则让体弱多病的老爸从镇办水泥厂回家养病，自己站到了碎石机旁。

曾有多名工人被碎石机轧断手指。哥哥花了3个月的时间，对机身进行了技术改造，既提高了碎石质量，又提高了安全系数，被调进烧制车间。

烧制车间灰雾弥漫，不少人得了尘肺病。他同几个技术骨干一起，殚精竭虑，苦心钻研，改善了车间的环保设施，被调进科研实验室。

他博览群书，多次到名厂求经问道，反复实验，提炼新的化学元素，大大提高了水泥质量，创出新的产品，畅销华南几省。他成了全市建材工业界的名人。

弟弟进入大学后，第一年还像读书的样子，还写信问老爸的病。第二年，认识了一个大款的女儿，整整两年没向家中要过一分钱，通身脱土变洋。进入大四后，两人分手，他虚度光阴，靠作弊混到毕业文凭，回到家乡所在市求职。

他好不容易闯过三关，获得与一家响当当的建材制品公司老总答辩的机会，却被秘书告知被录用，但必须先到烧制车间当工人。他感到委屈，一定要见老总，结果他的孪生哥哥走了进来。

故事解析

虽然是相貌酷似的孪生兄弟，但却在性格、品质上有天壤之别。哥哥为人敦厚，对父母孝敬，对弟弟包容，对事业刻苦执著，即使未能进入大学的门槛，还是获得了成功。

世界之所以多姿多彩，就在于它包容了各色物种，允许每种事物之间的差异。在人类社会，也是同样的道理。每个人都千差万别，各有千秋，为了建立和谐有序的公共秩序，要求人人都能够包容他人的不同，拥有博大的心胸。

对于别人的优点，要有豁达、谦虚的态度，去欣赏或者学习；对于别人的不足，也要能够春风化雨，采取温和的方法求得相互的进步与谅解。

世界、生活都因多元而生动，每个人也要修炼自己的内心品格，修养出宽容、豁达的心胸，铸造个人世界的丰富多彩。

故事穿越

大凡到过日本京碧寺的人，都会见到山门匾额上的“第一议谛”4个大字。这是一件杰出的书法作品，吸引了许多人驻足凝视，观赏盘桓。

这4个字是200多年前洪川大师的手迹，为了尽量完美呈现区区的4个字，他一共写了85遍！

洪川大师每写一字，都要精心构思，反复揣摩，真可谓呕心沥血。然而，替他磨墨的那位弟子，却是个颇具眼力而又直言不讳的人。洪川的每一点捺，若有一点瑕疵，他都会“挑剔”出来。

“这幅写得不好。”洪川写了第一幅以后，这位弟子这么批评。

“那这一幅呢？”

“更糟，比刚才那幅还差。”弟子摇头说。

洪川是个一丝不苟，力求完美的理想主义者，不愿意敷衍了事。因此，他耐着性子先后写了84幅“第一议谛”。遗憾的是，没有一幅得到这位弟子的赞许。

最后，在这位“苛刻”的弟子离开片刻的当儿，洪川松了一口气，心想：这下我可以避开他那双锐利的眼睛了。于是，他在心无所羁的心境下，自由自在地挥就第85幅“第一议谛”4个大字。

那个弟子回来一看，翘起大拇指，由衷地赞叹道：“精品！”

故事微语

洪川大师不愧为大师，对挑剔的弟子特别的尊重与包容，在他的监督与自己内心的高标准的双重驱动下，一口气写出84副字。最后的定稿在之前苦练的基础上，在轻松心境的牵引下，达到了理想的境地。

大师深刻地理解人的差异性，而且能够充分地包容、尊重，在其中求得自己的进步，实现环境的和谐美好。

社会是一个大家庭，不同的生活经历、不同的兴趣爱好、不同的文化背景和性格，由不同的人组合在一起，形成了一个个或大或小的集体。要想在这个大家庭中，营造一个良好的氛围，处理好与周围人的关系，对每个人来说，确实不是一件容易的事情。但是如果肯怀一颗包容之心，理解他人，微笑面对人生的各种得失，放开胸怀，会得到更多。

对于他人的不同，不能以自己为标准去限制，那样不能对事情起到任何正面促进的作用，只能挑起事端，暴露自己的私心与无知。应该牢记人之间的不同，充分理解、接纳这些不同，才能够从中发现、享受乐趣。

心灵箴言

指头是同日同时生的，但它们全不一样。

——维吾尔族谚语

自然界的所有差异，换来了整个自然界的平静。

——[英] 蒲柏

两个人在一起不出半小时就会显出差异，一个人会明显地超过另一个人。

——[英] 塞·约翰逊

我们在人与人之间所见到的精神上的差异，是由于他们所处的不同环境，由于他们所受的不同教育所致。

——[法] 爱尔维修

正视瑕疵，事事不能皆完美

6 故事话题

美国南北战争期间，有一个名叫罗斯韦尔·麦金太尔的年轻人被征入骑兵营。由于战争进展不顺，士兵奇缺，在几乎没有接受任何训练的情况下，他就被临时派往战场。在战斗中，年轻的麦金太尔担惊受怕，终于开小差逃跑了。后来，他以临阵脱逃的罪名被军事法庭判处死刑。

当麦金太尔的母亲得知这个消息后，她向当时的总统林肯发出请求。她认为，自己的儿子年纪轻轻，少不更事，他需要第二次机会来证明自己。然而部队的将军们力劝林肯严肃军纪，声称如果开了这个先例，必将削弱整个部队的战斗力。

在此情况下，林肯陷入两难境地。经过一番深思熟虑后，他最终决定宽恕这名年轻人，并说了一句著名的话："我认为，把一个年轻人枪毙对他本人绝对没有好处。"为此他亲自写了一封信，要求将军们放麦金太尔一马："本信将确保罗斯韦尔·麦金太尔重返兵营，在服完规定年限后，他将不受临阵脱逃的指控。"

如今，这封褪了色的林肯亲笔签名信，被一家著名的图书馆收藏展览。这封信的旁边还附带了一张纸条，上面写着："罗斯韦尔·麦金太尔牺牲于弗吉尼亚的一次激战中，此信是在他贴身口袋里发现的。"

故事解析

一旦被给予第二次机会，麦金太尔就由怯懦的逃兵变成了无畏的勇士，并且战斗到自己生命的最后一刻。由此可见，宽恕的力量是何等巨大。由于种种原因，人不可能不犯过失，但只有宽恕才能给人第二次机会，只有第二次机会才有可能弥补先前犯下的过失。

宽容意味着悦纳生活里的残缺。完美是不存在的，只有接受生活的不完满，才能正常地生活，以弥补不完满作为自己的动力。就像麦金太尔一样，我们会在勇敢的奋斗中，一步步让自己的生活、生命无限趋于完美，慰藉自己的付出。

金无足赤，人无完人。在日常生活和工作中，谁都可能会犯下很多无心之过，陷入尴尬的境地。既然是无心之过，说明对方也一定心怀内疚。因而，得理也要饶人，是应遵循的原则之一。如果你得理不饶人，让对方走投无路，就有可能激化双方原本很小的矛盾。在别人理亏你占理的情况下，放他一条生路，他也会心存感激，就算不感激你，起码也不会与你为敌。

俗话说“得饶人处且饶人”，佛家讲“慈悲为怀”，其实说的都是一个道理，就是要告诉世人，即使是在“得理”的时候，也要“饶人”，不要仗着自己有理，就处处为难，咄咄逼人。否则，到最后只能把小事变大，导致两败俱伤。

故事穿越

有一位人力三轮车师傅，50多岁，相貌堂堂，如果去唱歌，应该属偶像级的。问他为什么愿干这样的“活”，他笑着从车上跳下，并夸张地走了几步，哦，原来是跛足，左腿长，右腿短，天生的。

乘客有点不忍。可他却很坦然，仍是笑着说，为了能不走路，踩三轮车，便是最好的伪装，这也算是“英雄有用武之地”。不时，他还转过头“告慰”乘客：“我太太很漂亮，儿子也很帅！”人们坐他的车，如沐春风。

他说，自己没什么文化，有好体力，踩三轮车，很环保，也可养家糊口，一天可挣上百元，他有“人生三愿”，即吃得下饭，睡得着觉，笑得出来。

而另一位女子喜欢自助旅行，一路上拍了许多照片，并结集出版发行。记者采访她时，她很认真地说：“因为我长得丑，所以很有安全感，如果换成杨玉莹或张柏芝等美女一个人自助旅行，那就很危险了，我得感谢我的丑。”

英国有位作家兼广播主持人，他叫汤姆·撒克，事业、爱情皆得意，但他只有1.3米，他不自卑，别人只会学“走”，他学会了“跳”，所以，他成功了，他有句豪言壮语：“我能够得到任何想要的东西。”

故事微语

无论是一国元首，还是寻常百姓，宽容待人，都不失为一种美好的品质。我们应该用原谅和宽容，来开怀自己，不要画地为牢，作茧自缚，自寻烦恼。我们都是普通的芸芸众生，谁都难免会犯点无心之过，或存在很多先天不足，凡事太过计较，睚眦必报，往往会受身外之物所累，失去了做人的乐趣。

宽容的实质不是宽容别人，而是宽恕自己。唯有宽容，才能抚慰你暴躁的心绪，弥补不幸对你的伤害，让你不再纠缠于心灵毒蛇的咬噬中，从而获得自由。

一个怀着怨恨的人，只能活在过去，而时间是不能倒流的，过去的终究已经过去，无法挽回，也无法予以更正。既然如此，与其执著于过去的痛苦，不如尝试放手，试着去原谅。宽恕别人的同时，也让自己卸去心中的苦恼和仇恨，用愉快的心情去期待一个全新的开始。

心灵箴言

生活是不公平的，你要去适应它。

——[美] 比尔·盖茨

忘了自己的缺点，就产生骄傲自满。

——[古希腊] 德谟克利特

畏惧错误就是毁灭进步；遮掩错误就是躲避真理。

——周恩来

我们承认我们的缺点，是想用我们的真诚来弥补人们因这些缺点对我们形成的不利看法。

——[法] 拉罗什夫科

尊重他人，捍卫你说话的权力

6 故事话题

法国作家雨果中学时代是个“诗歌迷”。在他的书桌抽屉里，藏着一大摞写满诗歌的笔记本。他视这些笔记本为宝贝，每当离开教室的时候，总要给抽屉上好锁，唯恐笔记本会“不翼而飞”。

在雨果读书的中学里，有两个思想保守的人物。一个是校长高底埃，另一个是数学老师德高特。他俩都反对学生写诗，认为这是“非分”的事。尤其是德高特，经常偷偷监视学生的行动。只要发现哪个学生稍有“不轨”，准要到高底埃校长那儿告上一状。

有一天晚上，雨果突然发现自己书桌的锁被人撬开，笔记本一本也不见了。他大惊失色，急得直跺脚，心想，这事准是讨厌的德高特干的。

雨果果然没有猜错。第二天，他被人叫进校长办公室。一进门，只见高底埃和德高特正襟危坐，脸色阴沉，桌子上放着一摞笔记本。没等雨果开口，德高特先质问起来：“学校曾三令五申，学生不准写诗。你怎么胆敢违抗呢？”

“可谁允许你撬别人的锁？”雨果反问一句。

德高特简直不相信自己的耳朵了，没想到小小的雨果竟敢和自己顶嘴。

“你想被学校开除吗？”

“把我的笔记本还给我！”

高底埃和德高特面面相觑。他们心中火冒三丈，但又不想把矛盾激化。“拿走你的笔记本吧！”高底埃无可奈何地说，接着，又讲了一套学生应当循规蹈矩的大道理。但雨果仍然认为，学生写诗是没有错的。他拿起桌上的笔记本，一言不发地离开了校长办公室。

故事解析

少年雨果就是一个既尊重、宽容他人又坚持正义的人。当自己的合法权益遭受侵犯时，即使是师长，他也敢于运用自己说话的权利，捍卫自己的利益。

生活的最高境界是宽容，相处的最高境界是尊重。要学会尊重与自己相处的人，这样相处才能和谐，慢慢地双方都能做到最好。

其实，尊重别人很简单，比如，一句关爱的话语，一个灿烂的微笑，一张祝福的卡片等。但是，它的力量却是难以估量的。对人的尊重能让一个失意、落魄的人重新找回自我，重塑信心，拥抱生活的美好，甚至取得成功。

尊重，是世间极可贵的美德。虽然她不如金钱实在，不如名声远扬，不如花开艳丽；它却能够在人间营造出和谐、温暖的氛围，每个人都能够有所收益。

尊重是培育和助长良好人际关系的金钥匙，以大度、宽容的心态，诚挚地对所有人表示尊重，自己的工作、生活才能进入怡人、舒心的境界，因个人的追求而遭受到的困难和磨难会无限削减，能够事半功倍地轻松得到。

故事穿越

在美国，有一次，在开往费城的火车上，中途一个妇人上了车，走进一节车厢，坐在了座位上。这时候，走过来一位略显肥胖的男子，坐在她对面的座位上，点了一根香烟。她禁不住咳了几声，身子也挪来挪去。

可是，那个男子丝毫没有注意到她的暗示。最后，妇人终于忍不住开口说道："你多半是外国人吧？大概不知道这趟车有一节吸烟车厢，这里是不让抽烟的。"

那个男子一声不吭地掐灭了香烟，放在烟灰缸里。过了一会儿，列车员过来对老妇人说，这里是格兰特将军的私人车厢，请她离开。

妇人听了大吃一惊，站起身就往门口走。她看着将军一动不动的身影，心里有些慌张和害怕。而整个过程中，将军仍像刚才一样表现出了他的宽容大度，没有给她任何难堪，甚至没有取笑嘲弄她的神情。

将军在妇人面前表现出了自己的涵养，他并没有因为自己的地位高贵而轻视她；相反地，却顾及到了妇人的尊严，让妇人备受感动，也让我们学到了做人的学问。

故事微语

一个心胸宽阔的人，更能展示自己的人格力量。卡里尔说：“伟人展现其伟大的方式，是在于他们对小人物的宽容与体谅。”在很多伟大人物身上都会有宽容的美德，这种美德是他们能够被人尊敬的原因之一。格兰特将军就是一个能够以常人心态对所有人表示尊重的人物，这一点为他的形象增辉不少。

生活的道路千条万条，你我难免会有交点，因此也难免会有磕绊。尊重是人在生活中必须学会的一种本领和能力。有了这种能力，才能保证自己更好地生存下去。

尊重指敬重、重视。人的内心里都渴望得到他人的尊重，但只有尊重他人才能赢得他人的尊重。尊重他人是一种高尚的美德，是个人内在修养的外在表现；尊重他人是一个人的政治思想修养好的表现，是一种文明的社交方式，是顺利开展工作、建立良好的社交关系的基石。生活中只有互相尊重才能和别人建立良好的友情。

尊重并不等于对自己合法合理权益的放弃，那样是愚蠢的。既要尊重别人，还要能够伸张自己的合法权益，提出自己的见解，这更需要智慧与优秀的品格才能实现。

心灵箴言

能容小人，方成君子。

——冯梦龙

气馁者自画，量狭者易盈。

——朱之瑜

能下人，故其心虚；其心虚，故所广取；所广取，故其人愈高。

——李贽

人本该是有良心的，就连最残酷的心也会有宽恕他人的短暂、美好的记忆。

——[捷] 塞弗尔特

反省自己，不以自我为中心

故事话题

他以沉重的心情忏悔自己在一次偷窃后把罪过转嫁到女仆玛丽永的头上，造成了她的不幸，忏悔自己在关键时刻卑劣地抛弃了最需要他的朋友勒•麦特尔，忏悔自己为了混一口饭吃而背叛了自己的新教信仰，改奉了天主教。应该承认，《忏悔录》的坦率和真诚达到了令人想象不到的程度，这使它成了文学史上的一部奇书。

在这里，作者的自我形象并不只是发射出理想的光辉，也不只是裹在意识形态的诗意里，而是呈现出了惊人的真实。在他身上，既有崇高优美，也有卑劣丑恶；既有坚强和力量，也有软弱和怯懦；既有朴实真诚，也有弄虚作假；既有精神和道德的美，也有某种市井无赖的习气。

正因为这种批判是结合着卢梭自己痛切的经验和体会，所以也就更为深刻有力，它与卢梭在《论人类不平等的起源和基础》中对于财产不平等、社会政治不平等的批判完全一脉相承，这一部论著以其杰出的思想曾被恩格斯誉为“辩证法的杰作”。

总之，这不是为了要享受历史的光荣而绘制出来的涂满了油彩的画像，而是一个活生生的复杂的个人。它写出了惊人的人性的真实，是历史上第一部这样真实的自传，提供了非常宝贵的、用卢梭自己的话来说，“可以作为关于人的研究——这门学问无疑尚有待于创建——的第一份参考材料。”

故事解析

可以说，卢梭在反省自己方面做到了一种极致。这生动地体现出他不以自我为唯一的宽容、平和心态，揭示出他获取成功的部分深层原因。

一个人经受苦痛，就像其他所有的事件一样，原因总是多方面的，或多或少都有自己的责任在其中。遇事不应该急于攻击外在、客观的对象，首先检点自己、反省自身，是明智的举措。

能够化困难为力量、财富，就是在于能够凭借它们及时修正、提升自己。承认自己存在不足、缺点，在遭遇困境时及时弥补、纠正，是保证逐步上进的方法。

社会上的人形形色色，大家都处身于优胜劣汰的自然机制之中，为了不被残酷淘汰，就要增加对自己的督促，加快自己前进的步伐，而反省自己是一个发现问题的良好途径。很多伟人，都有经常反省自己的习惯，让他们能够常常立于不败之地。

故事穿越

两个人年轻人一起去拜访他们的老师，见到老师后，便问道："老师，我们在工作中很压抑，处处受到排挤，我们觉得很累也很苦，我们是否应该辞掉那份工作呢？"

老师看着他们说出5个字："不过一碗饭。"然后就挥挥手，示意他们可以走了。回到公司以后，一个人就递上辞呈，回家种田，另一个却依然做着那份工作。

时光飞逝，转眼10年过去了。回家种田的用高科技方法经营着田地，加上品种改良，居然成了农业专家。另一个留在公司的，经过自己的勤奋努力、刻苦钻研，工作能力逐渐提高，最终成了公司的经理。

有一天两人不期而遇了，农业专家说："老师说不过一碗饭，真是一语惊醒梦中人，使我豁然开朗了许多。仅仅为了一碗饭，我不至于死守着那份工作，身心备受压抑，何苦和自己过不去呢？我选择了辞职。"

那位经理说："我听老师说不过一碗饭，所以，我便看淡了同事之间

的明争暗斗，老板的教训和指导，我都虚心听取，在工作中不断提高自身的能力，不会过多地去计较个人得失，更不会因为一些琐事而心烦意乱。”

两个人相约又去拜访了老师，现如今老师已经老了，他微闭着眼睛，过了一会儿只说了5个字，“不过一念间，”然后挥挥手……

故事微语

两个年轻人之前的困扰根源就在于不能放下自我，完全投入集体的生活，在模棱两可中无所收获。

事在人为，面对困境，要积极调动自己内在的积极性，认清现实情况，对症下药，就会药到病除，达到自己满意的结果。在老师的点拨下，两人能够脱离小我的窠臼，准确看清自己的现实，完全适应打拼自己事业的节奏和方式，找到了成功的钥匙。

时时反省自己，分析方方面面的真实情境、利弊攸关，跳脱对于自己面子、私利的纠葛，完全融入热烈的生活，才能找到最适合自己的道路和方法，拥抱成功的美好生活。

很多时候，人们会被自我的蝇头私利迷糊双眼，看不到更大更广的空间，陷入苦恼、消极的境地。吾日三省吾身，这就是成为伟人的奥秘。

心灵箴言

不会评价自己，就不会评价别人。

——德国谚语

自己的鞋子，自己知道紧在哪里。

——西班牙谚语

事不三思终有悔，人能百忍自无忧。

——冯梦龙

人之谤我也，与其能辩，不如能容。人之侮我也，与其能防，不如能化。

——弘一大师

感悟人生，多元化才能更精彩

故事话题

1878年9月初的一天，美国大发明家爱迪生去访问华莱士。

在华莱士那里，他看到华莱士把“远距离发电机”连接起来，并且点亮了一盏弧光灯，这让爱迪生兴奋起来，他对这个实验非常感兴趣，回去后他对发明白炽灯更加充满了信心，认为完全可以把电灯系统普及到千家万户。

从此，他就以发明这样的电灯为目标，开始了自己的发明和实验。爱迪生的研究目标可以从他的《电与煤气争夺通用照明地位》一文中看到：“目标：要用电力照明彻底取代煤气照明的现状。不仅要使电力照明具有煤气照明的一切优点，而且要使电力照明设备能够满足人们各种煤气照明所不具备的要求。”

这个目标带来的思路是全新的，主要是因为爱迪生决定先把电流分路，再引入住屋中去点灯。这在当时的电学家们看来是不可能的。然而对爱迪生来说，由于他看到了华莱士的实验，心中就有了目标。

也正因为有了这样的目标，才有了研究的勇气和信心，才有了后来的成百上千次的尝试和努力，并最终取得了白炽灯的发明成功。如果没有了这个目标，白炽灯能否在失败了上千次后仍能坚持试验下去还真不好说。

故事解析

世间万物都是辩证联系着的，相互之间有着错综复杂的作用、影响。一个有智慧的人总是善于发现这些联系，容易在同类甚至相反的事物、现象中得到启发，有力推进自己事业的前进。

多元化的精彩世界来之不易，伟人也需要启发，才能真正创造出美好的事物。同样是电流研究，却形成了不同的作用，其内在的核心就是人思想的丰富、多元。因为每个人具有不同的想法，站在不同的立场，对于同一物质就可以实现多样的挖掘、应用，人们的力量、贡献汇聚起来，才形成世界的无限美好。

每个人的降临都蕴含着无限的可能，最重要的是自己要去努力体现出自己的价值，在人间美景中描绘出自己光华独特的一笔。

充分挖掘自己，体谅、理解他人，当所有人都能够迸发出自己最大的热量、火花时，才是世界最美丽的时刻。

故事穿越

南齐时，皇帝萧道成才华过人，无论是棋艺、书法还是诗句，在中国的历史上都享有一席之地。

但萧道成再如何聪慧，他终究是皇帝，与他相伴的无一不是出类拔萃之士，所以萧道成的才华说到底，最多也只不过是一个二流的角色，虽然这足以史上留名了，但萧道成却不满意，总是惦记着和手下人比一比。

曾有一次，萧道成与著名书法家王羲之的四世族孙王僧虔一起写字，王僧虔虽然在中国书法史上地位不高，但终究不是萧道成能够比得上的，萧道成自己也明白这一点，可他还是忍不住问了句："我们两个写的字，谁的更好些？"

这句很随意的问话，对王僧虔而言无异于一道鬼门关，如果他实话实说，难免会引起萧道成心中的不快，说不定杀身之祸须臾就会降临。可如果违心说假话，萧道成更不高兴，仅阿谀奉承4个字，就够王僧虔受的了。

为难之际，王僧虔灵机一动，回答道："我的书法在臣子中数第一，陛下的书法，在皇帝们中数第一。"

萧道成听了，哈哈大笑起来，说："你很会替自己打算。"

一场祸患，就这样被消除于无形。

故事微语

王僧虔运用自己的包容、大度的天性，过人的智慧，深刻的人生经验，顺利避开了皇帝的刁难，成全了丰富多样的书法形态与人生态度。

人有时会遇到一些很复杂的问题：当你看到别人比自己好，会心生嫉妒，说三道四。当你比别人强的时候，也会有人在背后对你多加议论，这时的你在流言蜚语面前，会很气愤，极力为自己辩解。这样一来，自然会觉得自己活得很累！

其实你大可不必如此。你自己的事情，只有你自己知道，不管别人说什么，你只需“糊涂”待之，“走自己的路，让别人说去吧”。

其实无论别人说什么，不过是因为妒忌心理在作怪，进而希望通过攻击你来发泄自己的情绪。如果这时你能糊涂处之，不恼怒，也不争辩，或者干脆一笑置之，这样做，既可以避免无谓的冲突，也可以留给自己一片更加宽广的舞台。

心灵箴言

欲温而和畅，不欲察而明彻也。

——《晋书》

胜利和眼泪——这就是人生！

——[法] 巴尔扎克

宽以济猛，猛以济宽，宽猛相济。

——《左传》

我虽然不同意你说的话，但是我维护你说话的权利。

——[法] 伏尔泰

第四篇

以和为贵，是最深邃的智慧

宽容是一种思想的修养，是一种境界，是一种美德。宽容是原谅可容之言，饶恕可容之事，包涵可容之人。时时宽容，常常忍让，才会达到精神上的制高点，“一览众山小”才会宠辱不惊，心境安宁。其实人之相处，应该以和为贵。

温暖港湾，家和万事兴

6 故事话题

闵子骞，孔子高徒，在孔门中以德行与颜回并称，为72贤人之一。他之所以为人所称道，主要是因为他的孝。

幼年时他的亲生母亲便离开人世，从此失去了母爱。父亲又娶了一个妻子。这位继母起初并没有亏待闵子骞，但在她生了两个儿子以后，就把闵子骞当小仆人般差遣。为了不让父亲担忧，子骞从来不向父亲抱怨，而父亲也一直没有察觉，始终被蒙在鼓里。

有一年冬天，后母为孩子们缝制棉袄。由于私心的驱使，她给自己亲生儿子做的棉袄里面是厚厚的棉花；而给闵子骞的，里头竟然是芦絮。从衣服外观上，看不出它们的差别。

之后不久，父亲让闵子骞驾车带自己出去办事。凛冽的寒风迎面袭来，闵子骞的身体逐渐被冻僵，马车停下了，缰索也滑落下去，并钩破了他的芦袄。父亲很快了解了真相，怒火中烧，回家后大声斥责妻子，要赶她出门。后母跪着向闵子骞的父亲忏悔求饶，泣不成声。两个弟弟见了这情景，也吓得哭成一团。

这时，闵子骞也跪在父亲面前："爹，请您不要把娘赶走。娘在家，只有我一个人穿不暖罢了；可是一旦娘离开这个家，我和两个弟弟都失去了娘的照顾，都要受饥寒啊！" 这番话，听得父亲心里既难过又感动，终于把妻子留了下来。

后母痛改前非，从此对待三个孩子都一视同仁了。闵子骞成为流芳百世的贤人。

故事解析

闵子骞能够在幼年丧母的不幸中成长起来，重要原因就是他以自己的隐忍、宽容保持了家的温暖和平。

一个和气融洽的家庭氛围会让每个成员从中获得心灵的慰藉、人格的满足，当他们出门在外，为事业打拼时，能够没有后顾之忧，全心全意，取得更好的成果。大家一起努力，整个家庭就能兴旺起来。

“和”“谐”二字连在一起的含义就是不同的人在一起却能相处愉快，统一圆满，不会因为人和人之间的区别而产生隔膜、矛盾、纷争和混乱。

和谐是道德的一部分，而道德，是人和人之间的行为准则，单独一个人是不需要道德的。看看“仁”字的写法，是由两个“人”构成的，形象地阐释了道德的定义。因此，和谐是人和人在发生联系的时候所应具备的元素。

到了现代社会，和谐运用的范围更广了，已经远远超出了古人的概念。国家需要和谐，社会需要和谐，家庭需要和谐，每一个人在与他人交往的过程中也需要和谐，和谐在我们的日常生活中无处不在。

故事穿越

法国作家米歇尔·图尼埃按照经典名著《鲁滨逊漂流记》的情节，创作了一篇中篇小说《星期五或原始生活》。

小说描写了鲁滨逊因海难逃上荒无人烟的希望岛之后，精心为自己营造的家：他在居住的山洞前边筑起了城墙，城墙下挖了深深的堑壕，搭一架吊桥和外面相通。他从因触礁而破碎的船舱里搬来粮食、衣服、弹药、烟草还有家具，整整齐齐地储藏在山洞里。他还开垦了荒地，种上了可望得到收获的庄稼。他安排了紧张有序的生活、工作时间表。他给自己加冕为希望岛总督，早晨要升岛旗，黄昏要扛着来福枪巡视全岛，他把绝大多数时间安排在辛勤的劳作中。他营造了一个井然有序的家，他营造了自己在绝境中丰富的生活。

但很快，他对这一切厌倦了。他升旗但没人行注目礼，他巡视全岛但没什么东西值得他保护，他收获了粮食、打造了用品但没人跟他分享，没人陪着他快乐或苦恼，没人对他欣赏或指责，这里只有他一人！

所以，当一场意外的爆炸，把他的家彻底毁坏之后，他再也没有心力去重建家园了。

图尼埃笔下的这种小说，是根据弗洛伊德·荣柯和勒维·斯特劳斯的心理学和哲学观点重写的一部《鲁滨孙漂流记》，这部高雅的文学作品，在发表当年就曾一举获得法兰西学院小说大奖。

故事微语

小说中，鲁滨逊从对家的营造到他的厌倦，是因为房子和院落只是生活的表象，而不是家。可称之为家的事物，不仅有物质的存在形式，更有精神的依凭本质，家是有灵魂的。家和，才是最令人魂牵梦绕的奥秘所在。

要想在社会上获得和谐的人生，在这个社会上获得成功，那么我们必须要有一些完全属于自己的而且能够为群体所接受的东西。宽厚的心态是取得群体认可的不二法门。

宽容就是理解并接受不同的想法、不同的行为，共生才能共荣；宽容就是对他人的错误不计较，对伤害自己的行为不耿耿于怀。世界有了宽容才呈现出丰富多彩；失败有了宽容才走向成功；人生有了宽容才远离抱怨，更好地收获帮助、愉悦、平和；家庭有了宽容才能和睦相处，成为家人躲避风雨的港湾。

家庭和睦绝不是从天而降，它是创造出来的，它需要我们每位家庭成员去用心经营。只有家庭和睦，才能克服困难，渡过难关，家才能真正地成为坚固堡垒。

家庭的和睦与否直接影响每个人的成长、生活、工作及人生。托尔斯泰说过，幸福的家庭都是相似的，不幸的家庭各有各的不幸。让我们共同努力，多营造和睦的家庭，多创造家庭幸福。

心灵箴言

亲人不睦家必败。

——[美] 林肯

家庭和睦是人生最快乐的事。

——[德] 歌德

家庭应该是爱、欢乐和笑的殿堂。

——[日] 木村久一

父之笃，兄弟睦，夫妻和，家之肥也。

——戴圣

平和待人，君子之交淡如水

故事话题

相传唐贞观年间，薛仁贵尚未得志之前，与妻子住在一个破窑洞中，衣食无着，全靠王茂生夫妇经常接济。

后来，薛仁贵参军，在跟随唐太宗李世民御驾东征时，因薛仁贵平辽功劳特别大，被封为“平辽王”。一登龙门，身价百倍，前来王府送礼祝贺的文武大臣络绎不绝，可都被薛仁贵婉言谢绝了。他唯一收下的是普通老百姓王茂生送来的“美酒两坛”。

一打开酒坛，负责启封的执事官吓得面如土色，因为坛中装的不是美酒而是清水！“启禀王爷，此人如此大胆戏弄王爷，请王爷重重地惩罚他！”岂料薛仁贵听了，不但没有生气，而且命令执事官取来大碗，当众饮下三大碗王茂生送来的清水。

在场的文武百官不解其意，薛仁贵喝完三大碗清水之后说：“我过去落难时，全靠王兄弟夫妇经常资助，没有他们就没有我今天的荣华富贵。如今我美酒不沾，厚礼不收，却偏偏要收下王兄弟送来的清水，因为我知道王兄弟贫寒，送清水也是王兄的一番美意，这就叫君子之交淡如水。”

此后，薛仁贵与王茂生一家关系甚密，“君子之交淡如水”的佳话也就流传了下来。

故事解析

薛仁贵富贵之后不忘恩人友谊深情，他与王茂生之间清白崇高的君子友谊成为世间楷模。

平和是待人处事的一种态度，也是做人的一种美德。平和的人，对待人际事务会足够明智冷静，高效有序，与之交往利落干脆，清楚明了，不会拖泥带水、盘根错节，陷入触及是非、原则的事故。平和是君子修行里面的必备内容，平和的人际提倡合情合理的务实精神、崇尚高尚的情操，是世风和谐、向上、醇厚的基础与保证。

平和的人，热情而不做作，忠诚而不虚伪。内不见己，外不见人，施恩于人是出于真诚，而不是利用别人来沽名钓誉，信奉“君子坦荡荡，小人长戚戚”，光明磊落，纯心做人。

平和既是一种修养，又是一种工作方法。平和的人，从不被忙碌所萦绕，闲时吃紧，忙里悠闲。待人不严，教人勿高。宽严得宜，分寸得体。身心自在，能享受生活之乐趣。

平和的人生，是和谐的人生，健康的人生。

故事穿越

一个出家人在旅途中，碰到一个不喜欢他的人。连续好几天，好长的一段路，那人都用尽各种方法诬蔑他。

最后，出家人转身问那人："若有人送你一份礼物，但你拒绝接受，那么这份礼物属于谁的？"

那人答："属于原本送礼的那个人。"

出家人笑着说："没错。若我不接受你的谩骂，那你就是在骂自己！"

那人摸摸脑袋走了。

故事微语

这位出家人心态真的是很平和，对持续不断冒犯自己的人能够不急不躁，因而想出绝妙的办法，一言制胜，和平解决了不友善的人际问题。

保持一种平和良好的心态，凡事往好处想，让自己始终以心平气和的心态去面对一切，就没有想不通的事情和做不到的事情，不属于自己的东西，不要去乱想，想了也白想，只要是属于自己的东西终究是属于自己的。其实，一个人最大的财富，莫过于就是自己拥有一个健康的身体，心宽体胖，健康是福！而健康的身体来自于一种平和良好的心态。因此，保持一种平和良好的心态比什么都重要。

有人为追名逐利不惜出卖朋友，卑躬屈膝；有人贪图个人享乐置亲情不顾，把父母扔在一边；有人高高在上，对人不屑一顾……见得多了，就不足为奇，大千世界，朗朗乾坤，五彩缤纷，龙蛇混杂。只要有人的地方，就会有不同的声音。

人要活得自然，平和的心态调整烦躁的心灵。人的一生很短暂，为自己而活，低调的人生未必就是肤浅，平和的心态未必就是懦弱，相反，更能彰显内心的宽容豁达。只要我们怀揣一颗春天的心，寒冷的冬天里也是温暖的。

心灵箴言

开诚心，布大度。

——康有为

与人为善就是善于宽谅。

——[美] 弗罗斯特

自出洞来无敌手，得饶人处且饶人。

——善棋道人

宽容并不是姑息错误和软弱，而是一种坚强和勇敢。

——周向潮

大事化小，不逞口舌之快

故事话题

战国七雄中，秦国最强大，它常常欺侮赵国。蔺相如代表赵国与秦国交涉，凭着机智和勇敢，争得了不少面子，秦国不敢再小看赵国。赵王很高兴，先封他为“大夫”，后封为上卿（相当于后来的宰相）。

这气坏了赵国的大将军廉颇。他想：我为赵国拼命打仗，蔺相如光凭一张嘴，地位倒比我还高！他怒气冲冲地说：“蔺相如有什么了不起，我要当面给他点儿难堪！”

蔺相如听说后，嘱咐自己的下人以后对廉府的人忍让着点儿，他自己坐车出门，只要听说对面而来的是廉颇，就叫马车夫把车子赶到小巷子里，等廉颇过去了再走。

廉府的人得意忘形，经常嘲笑蔺府的人。蔺府的下人受不了这个气，就向蔺相如抱怨说：“您的地位比廉将军高，他骂您，您反而躲着他，让着他，他越发不把您放在眼里啦！他的下人也总是欺负我们！”

蔺相如心平气和地问：“廉将军跟秦王相比，哪一个厉害呢？”

“那当然是秦王厉害。”

“对呀！我见了秦王都不怕，难道还怕廉将军吗？要知道，秦国现在不敢来打赵国，就是因为国内文官武将一条心。我们两人好比是两只老虎，两只老虎要是打起架来，不免有一只要受伤，甚至死掉，这就给秦国造成了进攻赵国的好机会。你们想想，国家的事儿要紧，还是私人的面子要紧？”

蔺府的下人终于心服口服。这番话传到了廉颇的耳朵里，他惭愧极了，登门负荆请罪，两人从此成了很要好的朋友。

故事解析

蔺相如以和为贵，大度宽容廉颇的故事家喻户晓。他们一文一武，作为国家栋梁，两人的团结直接保证了国家的安全。

行有道，法和谐。对于人际关系而言，和谐是指人与人相处时的愉悦程度，这就是和谐的真谛，以一种自然的方式与周围的环境融为一体，让身处其中的人都感受到轻松和快乐，而不是刻意强调自己的存在，这样才能带动别人愿意为你的目标而努力。

现如今是一个强调个性、强调创造性的时代，许多人所面临的一个共同困扰就是：一旦磨平自己的棱角，失去自己的个性，那么也就失去了自我，一个没有自我的人在现实中是无法成功的，更别说获得团队的接纳与人生的成功。

和谐的人生不会从天上掉下来，它是一个自我寻找的过程，只要你找到你自己的价值之所在，找到你人格中最有魅力的部分，那么，当你融入社会的时候，就会真切体验到鱼儿游在水中的感觉。

故事穿越

宋神宗时，苏东坡家喻户晓。他天资聪明，过目成诵，出口成章，有李太白之风流，曹子建之敏捷。他一举成名，官拜翰林学士。

苏东坡自恃聪明，常常讥诮宰相王安石。一日，王安石在书房止写一首《咏菊》诗。刚写了两句，忽闻家人来说，外任刚回的苏东坡前来拜访。王安石闻言，知道苏东坡恃傲难改，有意留下后两句嘱咐了家人，就躲进内帐。

苏东坡来到书房等候，感到无聊，见书桌上放着未干的墨毫，还有一首未写完的“咏菊”诗。这两句诗是：昨夜西风过园林，吹落黄花满地金。

苏东坡看了暗自说道，写了些什么，胡说八道。一年四季之花，黄花即菊花，开在深秋，性属火，唯敢和秋霜鏖战，最能耐久，怎么能说吹落黄花满地金？真是错误。诗兴激发，不能控制，举笔续道：秋花不比春花落，说与诗人仔细吟。

苏东坡也写完了，也懊悔了，欲把此稿丢掉。正在这时，王安石从屏风后边出来。互相寒暄，相继落座。王安石见书稿被人续完，唤家人问说是苏东坡所续。王安石心想苏东坡不知天高地厚，恃才无忌。

到了明日早朝，王安石奏过皇帝将苏东坡发放黄州团练副使。苏东坡到了黄州，光阴迅速，将及一载，又到深秋。一日风急过后，苏东坡于去后院观赏自己栽培的黄金菊。苏东坡拉上好友陈季常一起去观赏。他们来到后院一看，惊得苏东坡目瞪口呆，半晌没说出话，只见满地金菊花片。苏东坡这才恍然大悟。

故事微语

王安石年长，胸怀更为大度，对于年轻气盛的苏东坡，他不是正面训斥，而是用事实教他明白自己骄傲的错误。

人生看得太清楚，心的空间会大量被占据，人的生命需要呼吸，心灵也需要呼吸，但是一个事务太繁忙的人，会因为疲于应对，而忽视了心灵的自由，并失去感受幸福的空间。所以，一个人要是能做到凡事都糊涂一点、心里却保持清楚明白的境界，那么就有机会去笑看世间云聚云散，享受超然的快乐了。

“难得糊涂”不是什么事情都装糊涂。“糊涂”是有原则的，是在小事上“糊涂”，是为了让自己获得更加坦荡快乐的“糊涂”。糊涂，不是玩世不恭的生活态度，不是麻木颓废、糊里糊涂的处世方式，否则只能使人失去生活的激情，失去奋斗的力量，失去乐观的心态，冷漠厌世，终日将自己囚禁在狭隘的心灵之中。每个人都有自己的处事方式，在自己原则的范围之内，有的事情可以用模糊的态度处理，但心一定如明镜般透亮，绝不糊涂。

心灵箴言

宽而栗，严而温。

——《淮南子》

宽容是文明的唯一考核。

——[美] 海尔普斯

人有不及者，不可以己能病之。

——薛宣

人之心胸，多欲则窄，寡欲则宽。

——金缨

多点赞美，生活才能更美好

6 故事话题

早在半个多世纪之前，陶行知先生就把民主与宽容的思想渗透到自己的教育实践中，让它们发挥奇妙的作用。

陶行知先生当校长的时候，有一天看到一位男生用砖头砸同学，便将其制止并叫他到校长办公室去。当陶校长回到办公室时，男孩已经等在那里了。陶行知掏出一块糖给这位同学："这是奖励你的，因为你比我先到办公室。"男孩接过了糖。

接着他又掏出一块糖，说，"这也是给你的，我不让你打同学，你立即住手了，说明你尊重我。"

男孩将信将疑地接过第二块糖，陶先生又说道："据我了解，你打同学是因为他欺负女生，说明你很有正义感，我再奖励你一块糖。"

这时，男孩感动得哭了，说："校长，我错了，同学再不对，我也不能采取这种方式。"

陶先生于是又掏出一块糖："你已认错了，我再奖励你一块。我的糖发完了，我们的谈话也结束了。"

故事解析

陶行知先生的4块糖的故事体现了宽容的魅力，闪耀着教育者的智慧。

如果不注意说话的分寸和场合，很可能就会伤害到别人，从而造成不和谐。日常说话的时候，最难的就是难以摆正自己与对方的关系，既要做到不卑，又要做到不亢，不妄自菲薄，也要避免伤害到对方，这其中的语言技巧，值得我们留心揣摩。

一个微笑，一份信任，一点宽容的力量比大声的叫嚷更强大，它们能让那些被放逐的心重新振奋，在人们的和蔼与善意中重新审视自己，审视人心，从自暴自弃的牢笼中挣脱出来，获得新生。

赞美人的优点，是实现共赢的最好方法。赞美不仅仅意味着宽容，还是一种美好的认可与鼓励。给人信心、力量，帮助别人确定正确的信念，有利于他发挥自己更多的能量，为生活增添一份美丽。

故事穿越

肯特·基恩是英国牛津大学的著名心理教授，他的学术成果曾多次获得过国际大奖。2001 年 9 月，他应邀到我国一所少年管教所演讲，讲了下面一段话。

小时候，我是一个捣蛋、不爱学习又极爱报复的孩子，父母和老师、同学都极其厌恶我。

三年级的第一个学期，学校新来的玛利亚老师站到讲台上，她很漂亮。我带头吹口哨，引起整个班的吵闹。玛利亚始终面带微笑地望着我们。奇怪，这样我反而感到很无聊，于是，我打了一个手势，大家立即停止了胡闹。

玛利亚小姐开始自我介绍，不一会，她发现没有粉笔，我注意到她的眉头皱了一下，很快又舒展了，心想，糟了，她肯定识破了我们的把戏。但是，她只是问：“谁愿意替老师去拿盒粉笔？”刚刚平静下来的沸腾又开始了，好多男生争着去干这件事。

玛利亚小姐请大家不要争，她会挑个最合适的人选。她走下讲台，仔细查看了每一个人，最后她说：“基恩，你去吧。”

“为什么是我？”

“因为我看得出你热情、灵活又具有号召力，我相信你会把这件事情做得很好。”

我激动不已。在此之前从未有人说过我哪怕一点点的好处。我很快取回藏在教室后面草丛里的粉笔。在把粉笔递给玛利亚小姐时，我发现我的手指甲缝里满是污垢，衬衣袖口开了线，裤腿上溅满了泥点，五个脚趾全从破了口的鞋子里露出了头。可玛利亚小姐一点也不在意，她接粉笔的时候给了我一个天使般的微笑。

从此，我决定做一个上进、体面的人，因为我知道天使正在注视着我。

故事微语

玛利亚小姐的赞美挽救了一个自暴自弃的孩子，他被视为天使。

宽容的赞美成就了许多优秀的人才，具有神奇的力量。

现实中，每个人都需要更多机会，尤其是在做错事的时候。神佛如果不给人机会，茫茫人海，有资格活下来的又有几个？虽然你可以不去信仰什么佛祖，不信仰任何东西，但是佛祖的宽容和大度，你必须拥有，只有如此，你才能成为一个让人尊重的人！

赞美不能是盲目的空虚之言，那样不会具备应有的作用。对人的赞美必须是真心的，是在充分的了解基础上的，这样具有实质内容的赞美才能真正催人奋进，赞美者才能真正受人爱戴。

心灵箴言

赞美是美德的影子。

——[英] 塞·巴特勒

赞扬，像黄金钻石，只因稀少而有价值。

——[英] 塞缪尔·约翰逊

称赞不但对人的感情，而且对人的理智也起着很大的作用。

——[俄] 列夫·托尔斯泰

要改变人而不触犯或引起反感，那么，请称赞他们最微小的进步，并称赞每个进步。

——[美] 卡耐基

谈话艺术，高情商赢得好口碑

6 故事话题

周恩来以高超的谈话艺术为新中国的外交工作立下汗马功劳，在人民群众中间树立了好口碑。

西安事变时，蒋介石在临潼被捉住，周恩来来到西安，受王曲军官训练团的邀请，作了次非正式的讲话。军官团学员大声问周恩来："蒋介石丧权辱国，罪大恶极，为什么还不杀？"其他人员也议论纷纷："不杀蒋，后患无穷！""不杀不足以平民愤！"……

周恩来等大家把话说完，才大声说道："要杀，很容易，一枪就行了！"接着说："我们红军有位将军，叫徐海东，他全家 36 口人，35 口叫蒋介石杀害了，难道给蒋一枪，就能报了全家血海深仇吗？全国四万万人，蒋介石死了，若再来个刘介石、宋介石，你们杀得完吗？""何况我们是共产党人，对共产党员来讲，永远是民族和国家的利益高于一切。"

就这样，周恩来用润物细无声的方式，无形中化解了王曲军校官员怨愤，制止了一场骚乱，说服了他们。

1956 年 4 月的一个夜晚，周恩来突然到前门打磨厂公安派出所，看望值班的民警。他亲切地问户籍警张杰："你们见了老百姓怎么称呼呢？"张杰回答："上岁数的，叫大爷、大妈；和我们年龄差不多的，叫老张、老李；再小一点的，叫小王、小刘。"周恩来满意地点点头，说："这很好！跟群众打成一片，群众有话就愿意跟你们谈了。"

故事解析

周恩来很注重谈话的艺术，往往能够以巧妙的语言化解危机，赢得机遇，成就事业。

很多事情的成败往往取决于一个小小的细节，关注细节的人才能把握全局。和谐也是如此，其实和谐就在我们身边的点滴小事中，就在很多小小的细节里。如果不注意这些细节，很可能就会因为一点点小事影响和谐的局面。而说话，是能够驾驭良好交际氛围最简单易行的细节关键。

说话虽然只是一件小事，但是如果不注意分寸和方式，就会造成不和谐。任何性质的伤害都是双刃剑，伤害了别人就必然伤害到自己，哪里还有和谐可讲？学会和谐的言语能力至关重要，能够让你在人际生活中自如前行，事半功倍。

注意说话的分寸和场合，时时顾及他人的自尊与感受，用宽容的心态感知他人，小小的心思就能创造和谐的局面。

故事穿越

每年全国人大会议后的总理答中外记者问，都是人们高度关注的“压轴戏”。公众越来越关注领导人在媒体上的各种表现，包括其风度、学识和口才。被媒体称为“平民总理”的温家宝，那温文尔雅、坦率真诚、举重若轻的答问风格，征服了所有人。他的语言和他的人格一样魅力四射。

温家宝总理谦和、温良的性格，使其不像是在答问，而是与记者促膝谈心，亲切交流。“据我知道，参加两会采访的中外记者有2000多名。因为今天会场的限制，到会采访的只有700多名。借此机会，我对记者们对中国改革和建设的关心和客观公正的报道，表示衷心的感谢！”

温家宝从现场说起，几句真诚感谢的话，一下子拉近了与记者的距离。

“最关心两会的是全中国人民。昨天我浏览了一下新华网，他们知道我今天开记者招待会，给我提出了几百个问题。他们对国事的关心，深深感动了我。他们的许多建议和意见是值得我和

我们的政府认真考虑的。”

朴实无华的话语，传达出他关心民情、民意、民生的深情实意。他坚定而亲切地说：“我是用心来回答大家的提问。因此，我不紧张，也不害怕。”

在回答中印关系问题时，他深情地说：“请记者先生告诉伟大的印度人民，中印两国不是竞争的对手，而是朋友。”并演绎了一篇3000年前印度的著名古诗：“愿我们同受庇佑，愿我们同受保护，愿我们共同努力，愿我们的文化辉煌。不要仇恨，永远和平、和平、和平！”

故事微语

温家宝也是谈话高手，温和坦诚的语言风格为他树立了良好的形象、威信。他说话的技巧在于从实际出发，从身边小事谈起，融入自己真诚、执著的信念，容易引起共鸣，赢得人心。

语言的技巧，不仅表现在说话的方式上，同样也表现在说话的场合上，场合不对，说了不该说的话，就会损毁自己在别人心目中的形象，最终葬送自己的前途，这是有违于和谐之道的。

如今社会已经有了很大的进步，但是，言语上的不慎给别人带来的不快感觉，却是人性普遍的道理，仍然是需要惕厉自省并随时注意的。

心灵箴言

言之无文，行而不远。

——《左传·襄公二十五年》

发自内心的话，就能深入人心。

——[波斯] 尼扎米

言语是人类所使用的最有效果的药方。

——吉普林

把自己体验到的感情传达给别人，而使别人为这感情所感染，也体验到这些感情。

——[俄] 托尔斯泰

第五篇

留有余地，才能拥有更宽容的空间

宽容可使你表现得良好有素养，同时也能引发别人的响应。生活中肚量最为重要，宽容乃是人类性格的空间。懂得宽容别人，自己的性格就有了回旋的余地。在生活中，有些东西需要用宽容来对待，才会有更多的快乐在等你。

不去逞强，营造一个宽广的世界

故事话题

李连杰初到好莱坞时，几乎没有人看好他，好不容易有一家电影公司愿意请他出演，但片酬很低，只有 100 万美元，而且是演一个反派角色。李连杰犹豫不决，说自己要经过慎重考虑之后，才能答复。但是，等他答应出演时，对方却改口了，片酬降为 75 万美元。

钱不是最要紧的，只是在 20 世纪 90 年代的东南亚电影市场，“李连杰”三个字早已是金字招牌，从“功夫皇帝”“沦落”到现在的境地，李连杰感到难以接受。但他考虑再三，还是决定出演，可是，没想到对方却又“落井下石”：“50 万美元，不演拉倒。”50 万美元，还包括律师、经纪人、宣传公司等各项费用，再扣完税，所剩无几。李连杰答应得很痛快：“我演。”

就这样，李连杰拍了他的第一部好莱坞影片《致命武器 4》，虽然片中巨星云集，但在影片首映当晚，李连杰就获得 7.5 分，成为演员排行榜中的亚军。

第二天，电影公司的老板就亲自上门，毕恭毕敬地说：“下一部片子请您演主角，如何？”当实力证明一切的时候，才能轮到李连杰说话，他的第四部好莱坞影片片酬就开到了 1700 万美元。

李连杰以退为进，成功地敲开了好莱坞的大门。他谈起往事，感触颇多，念了一首哲理诗：“手把青秧插满田，低头便见水中天；六根清净方为道，退步原来是向前。”

故事解析

已经在东南亚叱咤风云的李连杰为了开拓更宽广的演艺世界，适度屈服，如愿以偿，终成国际影星。

很多时候，放对方一条生路，给对方一个台阶下，为对方留点面子和立足之地，对大家都有好处。一个真正大智的人，一定懂得留一点余地给得罪自己的人，凡事退一步，得理且饶人。否则，不但消灭不了眼前的这个“敌人”，还会失去很多身边的朋友。

无论面对什么事情，只要态度保持谦和，说话语气温柔一些，你会发现，很多看起来难以解决的问题，都不成问题。越是得理的人，越要“气和”，如果“理直”就“气壮”，不仅不会让事情得到解决，还会让原本很简单的问题变得棘手。态度越是强硬嚣张，在这个时候，越容易因一时的冲动而出口伤人，有时候，伤害了别人而自己却没有意识到，可能会就此为自己埋下一个潜在的敌人。既然确实有理，就不需要争执，不需要粗声大气，不需要发脾气。越是有理，越要饶人。被饶的人总会知道，而你待人的宽容和忍耐，便是你美好的名声。

故事穿越

两个墨西哥人沿密西西比河淘金，到了一个河岔，一个人认为阿肯色河可以淘到更多的金子，一个人认为去俄亥俄河发财的机会更大，两人分道扬镳。

10年后，入俄亥俄河的人果然发了财，他不仅找到了大量的金沙，而且建了码头，修了公路，他落脚的地方成了一个大集镇。匹兹堡市商业繁荣，工业发达，无不起因于他的拓荒和早期开发。

进入阿肯色河的人似乎没有那么幸运，自分手后就没了音讯。有的说已经葬身鱼腹，有的说已经回了墨西哥。直到50年后，一个重27千克的自然金块在匹兹堡引起轰动，人们才知道了他的一些情况。

当时，匹兹堡《新闻周刊》的一位记者曾对这块金子进行跟踪，他写道："这颗全美最大的金块来源于阿肯色，是一位年轻人在他屋后的鱼塘里捡到的，从他祖父留下的日记看，这块金子是他的祖父扔进去的。

"那位祖父的日记其中一篇是这样的：'昨天，我在溪水里又发现了一块金子，比去年淘到的那块更大，进城卖掉它吗？那就会有成百上千的人拥向这儿，我和妻子亲手用一根根圆木搭建的棚屋，挥洒汗水开垦的菜园和屋后的池塘，还有傍晚的火堆，忠诚的猎狗，美味的炖肉山雀，树木，天空，草原，大自然赠给我们的珍贵的静逸和自由都将不复存在。我宁愿看到它被扔进鱼塘时荡起的水花，也不愿眼睁睁地望着这一切从我眼前消失'。"

故事微语

18世纪60年代正是美国开始创造百万富翁的年代，每个人都在疯狂地追求金钱。可是，故事里的“祖父”却没有被冲昏头脑，不追求所谓成功会带来的荣耀，而是真切地把握了生活自然、平静的真谛，拥有了自己宽广的人生。从这个角度说，他才是真正淘到金子的人。

孩提时代，我们是按照快乐原则生活的，幼小的心灵只想马上满足自己的需要，并不懂得推迟满足或克制这种欲望。长大以后才明白，在人生的各个阶段，我们需要对许多事物权衡比较，作出适当的取舍。

在日常生活中，人们在善恶之间进行选择，远不如在两者兼有的情况下选择那般艰难。要想成就一番事业，就必须放弃自己想尝试的大部分职业，专心致志地去实现一个目标。因此，我们应该宽宏大度，像卡尔·沙堡所说的那样：“松开你的手，随他们去吧！”对于不可实现的愿望，我们应该发自肺腑地大声说：“不！”我们应该清醒地认识到这种放弃意味着什么，进而从自身寻找新的力量，奋力向前。

心灵箴言

每个人都能缩小自己时，大家的空间就变大了。

——证严法师

以温柔、宽厚之心待人，让彼此都能开朗愉快地生活，或许才是最重要的事。

——[日] 松下幸之助

热不可除，而热恼可除，秋在清凉台上。穷不可除，而穷愁可除，春在安乐窝中。

——山阴金

心安身自安，身安室自宽。心与身俱安，何事能相干。谁谓一身小，其安若泰山。谁谓一室小，宽如天地间。

——邵雍

少点抱怨，让心灵沐浴春风

故事话题

1983 年，印度人拉克希米·米塔尔靠进口发电机发迹，可没过几年，印度政府以保护国内产业的名义禁止发电机的海外进口贸易，他的事业陷入了“低谷”。不过，米塔尔没有气恼，他慷慨地给了自己一个“假期”，走访了韩国、日本、中国台湾等地区，结果寻找到了一个新的经营项目——按键式电话机。

按键式电话机在印度一上市就成为炙手可热的商品，但是米塔尔的电话业务因政府政策的变化再次陷入了困境：印度政府将按键式电话机的生产国产化，并对手机服务商进行公开招标。公开招标的主要对手是包括知名跨国企业在内的印度大型企业，米塔尔的公司与他们相比简直就是小巫见大巫，结果政府将垄断权授予了那些大企业。

这次，米塔尔依然没有抱怨，而是悄悄准备，等待时机。他集中精力制订手机业务的总体规划，并争取与一些著名的外国企业结盟。他认定，那些国际财团在招标上花费了巨额的费用，在几年内会面临巨大的经济危机，甚至破产。

果然，1999 年，印度手机服务业遭遇了严重的危机，许多通信企业因为无力交纳与政府约定的巨额许可证费用而纷纷倒闭，米塔尔认为“时机已到”，于是低价买进了那些公司的许可证，一口气获得了安德拉、加尔各答、孟买、喀拉拉等多地的手机服务经营权，一举成为了印度电信的帝王。

故事解析

米塔尔对于每一次打击，从不抱怨，而是积极分析情势，寻找突围的方法。良好的心态为他带来成功。

生活中，我们总有一些时候会斤斤计较：心里不忘别人对自己的冒犯，与人交往生怕自己吃一点点亏，一旦发现别人对自己不友好，绝对不会就此罢休，非要弄出个是非曲直来。有时候计较的目的好像只有两个：一个是自己得到了什么，还有就是自己失去了什么。可计较来计较去才发现，到最后自己并没有比别人多得，反而失去了很多快乐。

无谓的计较，是人性的缺点，更是一种不懂得后退的心态，它会让我们失去很多。一个快乐的人，不是因为他拥有的多，而是因为他计较得少。一个过于较真、不愿意退后的人，他就无法体验什么是“海阔天空”的人生境界。

一位美国的心理学家做了一项研究，经过他多年的努力，终于找到事实来证明：那些遇事喜欢斤斤计较的人，都很难有幸福感，甚至会影响自身的生理及心理健康。心理学家的这一结论，得到了很多人的一致肯定，他的这一著作曾经在近 50 多个国家出版，唤醒了很多人内心的宽容和智慧。

故事穿越

黄兴没有考上大学，干起了小工。有一天他往一所大学的15层送水，可是楼梯口看门的门卫不允许他从电梯上去。他和门卫争了起来，说电梯没坏怎么能不让用？门卫挖苦说他没有资格用电梯，只有教授才能从电梯走。他央求说，搬这么沉重的水，又是去15楼，请门卫网开一面放他上电梯，但无论怎么央告，门卫坚称有规定只能教授用，决不允许他上。最后，黄兴咬牙一步步自己把10桶水搬上了15楼。他恨透了门卫，但是，并没有抱怨这个世界如此不平等，而是发誓一定要发愤图强。

后来，他不仅考上大学，还成了有名的教授。再后来又下海开公司，也非常成功。因为有了这个经历，他遇到任何事情都不记恨，时常感谢伤害自己的人，不仅做事总是有动力，心情也非常愉快，每个人都很喜欢他，事业蒸蒸日上。

前几年，一次偶然的机会，他知道，并不是当时的门卫恶劣，而是当天正好有个非常重要的会议，参加者是来自世界各地的名校教授，主办方为了方便来宾，特意雇了一个门卫把守电梯，不许别人随便乘坐，而这个被雇佣的门卫是个固执的人，又不爱多说话，以致于当时对黄兴造成了很大的伤害，而不知情的黄兴却因此发奋图强而不是满腹抱怨，所以得到了人人羡慕的“上天的厚待”。

故事微语

有了宽容平和的心态，所有的困难就能化作动力，激励人奋发图强，直取成功，为自己赢得应有的尊严、地位。黄兴就是这样的一个品格优秀的人。

生活中，有的人的亲人或自己曾经受害或吃过亏，从而产生“仇恨”，因为大多数人都会错误地认为“此仇不报非君子”，一定要伺机打击报复。但是，往往报复过后又会引起对方的报复，从而导致一代有仇，代代为仇。

其实，别人的过失一旦对自己造成伤害，损失已经产生了，若把仇恨记忆在心，将造成自己长时间的痛苦和不快乐。此种仇恨的心，无疑是将自己关在仇恨之城，形成对自己的二次伤害。

天下没有绝对的好人，也没有绝对的坏人，人性都有善良的一面和丑陋的一面，都有对的时候和错的时候，很多事情的发展过程，往往没有绝对的对与错。人与人的冲突，大部分是沟通的问题，而非对错的问题。因此，不要将人绝对划分为好人或坏人，也不要抱有憎恨和厌恶别人的心态。

心灵箴言

平庸的人总是抱怨自己不懂的东西。

——[法] 拉罗什夫科

少指责，少抱怨，少后悔，就能成功。

——于丹

你们只要没有活到大难临头，就不要抱怨，不要发牢骚！样样事都会发生，人事是千变万化的……比方说，你现在无声无息，什么也算不上，如同一粒沙子……一粒葡萄干。可是，谁知道呢？说不定，时机一到……你就交上了好运了！什么事都会发生的！

——[俄] 契诃夫

放宽心境，船到桥头自然直

6 故事话题

《儒林外史》中记载了这样一个有趣的故事。

有一个人奉命担任某地方的官吏。他到任以后，只是抚琴自娱，并不管政事，可是他所管辖的地方却治理得井井有条，民兴业旺。

这使那位前任的官吏百思不得其解，因为他每天即使起早摸黑，从早忙到晚，也没有把地方治好。

于是他请教道："为什么你能治理得这么好？"

抚琴的官吏回答说："你只靠自己的力量，而且不分主次，看见什么管什么，需要什么做什么，所以十分辛苦，却仍然难以治理好；而我却是借助别人的力量，制订好计划，分清先后、主次，所以能治理得好。"

故事解析

抚琴而治的奥秘就是宽容的心胸。知人善任、相信别人的能力、有完善的奖惩制度等，一个领导最为重要的是美好的修养，而不是天方夜谭的多面手。有了深厚的修养，才有敏锐的识别人的眼光，能够了解工作、事业的需求，配置合适的人才，建立完整的系统，完成伟大的业绩。

能够待人宽厚一些，我们的生活就可以多一些从容，多一些和谐。

故事穿越

古时候，中东有个皇帝统治着一个疆土辽阔、富裕强大的帝国。他拥有强大的军队，巨大的财富，还有一大批学富五车的人做他的谋臣，因而差不多想要什么就有什么，想干什么就能干成什么。他享尽了人世间所有的幸福之后，感到了人生的空虚。

一天，他把所有谋臣召来，说："最近我对人生已失去了耐心和目标，对别人来说高不可攀的事，对我说来却是唾手可得，害得我失去了进取的动力。我整天慵懒心闷，不可解脱。

"不过昨天晚上我却找到了一个治疗我的病的方法。我梦见有一个仙人，把我带到了一处云雾缭绕的深山，这仙人挥手一指，山就裂成了两片。我们走进山中，发现到处都是金碧辉煌，放满了各式各样的宝贝。仙人随手在墙上摸索，拿给我一个戒指，说当你难受时看看戒指上的这句话，就可以解脱出来。我就戴上戒指，果然一切灵验。

"后来我就醒了，可一看手上却什么也没有。现在我命令你们给我找到这个戒指和这句话。你们听着，我在悲伤的时候看到这句话，便可感到坚强和快乐，从而有勇气活下去；我在快乐的时候看到这句话，可以警诫自己，不至于过分地骄奢淫逸，从而保持清醒的头脑。这戒指，这句话肯定是有的，你们必须给我找回来。"

谋士们费尽九牛二虎之力，终于为皇帝奉上了令他满意的戒指，上面刻的话是：这会过去。

故事微语

这真是一句看似平常的至理名言：这会过去。无论你是面临悲哀还是光荣，都不是终点，而只是一个驿站，人在短暂的生命旅途中，尽可以释放热情、力量去体现自己的价值，无论成功还是失败，都不要沉陷其中，而是永远鞭策自己向前走，迎接无限的可能。

在与人的交往中，我们自己首先要有健康乐观的心态。好斗、抱怨、自私、悲观、懦弱，这些不良的心态都是阻碍和谐的敌人。因为乐观，所以看待问题都能看到美好的一面，不会因此丧失信心，不会消极地逃避，而是积极地参与和融入，乐观是一种智慧，拥有它的人，能更多地享受生活的美好。

拥有积极心态的人，必定是一个阳光的人，热爱生活的人。拥有了积极心态，也就拥有了快乐人生。让我们以乐观的心态，面对学习和生活，笑对人生吧！

成功者始终以积极的思考、乐观的心态去支配和控制自己的人生，面对挫折，泰然处之。成功属于准备好的人，属于脚步不停的人、坚持的人，更属于脚步飞快的人、乐观的人。

心灵箴言

大足以容众，德足以怀远。

——《淮南子》

度量如海涵春育，应接如流水行云。

——金缨

度尽劫波兄弟在，相逢一笑泯恩仇。

——鲁迅

待人要丰，自奉要薄；责己要厚，责人要薄。

——佚名

切勿嫉妒，学会欣赏别人的优秀

故事话题

李贺，唐代诗人，是唐宗室郑王李亮的后裔，但系远支，与皇族关系已很疏远。其父李晋肃官位很低，家境不富裕。

李贺天才早熟，7岁时便写得一手好诗文，名动京城。其时担任吏部员外郎的大文豪韩愈及侍郎皇甫湜曾联袂去探访究竟。

见到李贺还是个小不点儿的孩子时，两位大人当即出题让他写作。李贺却也并不惊慌，向两位大人深施一礼，然后便援笔写了一首在文学史足以流传的名作《高轩过》。

韩愈两人见李贺诗中所展现出来的那种自信和渊博，谦虚和恭敬，是他们很久都没有见到过的，当即便惊喜万分地夸赞不已："天才，天才！果然是名不虚传哪！"这次来访让李贺的诗名越发大了。

但许多嫉妒李贺的人说他父亲名字叫"李晋肃"，其中的"晋"跟进士的"进"同音，那是"家讳"，是不能去参加进士考试的。为了扭转这种歪风，韩愈专门写了一篇著名的《讳辨》。无奈"阖扇未开逢猘犬，那知坚都相草草"，礼部官员昏庸草率，李贺虽应举赴京、却未能应试，遭谗落第。后来做了3年奉礼郎，旋即因病辞官，回归家乡。

故事解析

很多才华出众的人都毁于他人的嫉妒及迫害。李贺的仕途就受阻于谗言小人，在他的时代，仕途的不幸是一个人最大的灾难，对他的生存状况、精神面貌都是极大的打击，直接导致他英年早逝，令人扼腕叹息。所幸他留下了自己的佳作，短暂的人生还是为人称道。

西方人说“嫉妒是万恶之源”，这话不无道理，它能摧毁理智，让人言行不轨。一般来说，嫉妒之心容易在心胸狭窄的人心中产生，这类人看不得别人比自己强，不惜通过不正当的手段超过别人，或者想尽办法贬低甚至伤害别人。虚荣心过强的人也易于产生嫉妒，别人的发展与成功对他而言是一种“尊严”上的侵犯；贪婪的人更易嫉妒，不能容忍自己期望的东西被别人得到。

先哲的智慧告诉我们，当看到自己不如别人时，不用嫉妒的刺去伤害对方，而是努力去提高自己，用对方的成绩来为自己树立一个目标，让它激励自己迎头赶上。舍弃嫉妒，你才能轻松地走完人生之路，不用承受沉重的心灵枷锁。

故事穿越

佛经上有一则故事：在古远时代，摩伽陀国的一位国王饲养了一群象。其中一头全身白皙，毛柔细光滑，国王请了一位驯象师专门照顾它。

驯象师全心全意，白象十分聪明、善解人意，一段时间之后，他们已建立了良好的默契。

国家要举行大庆典。驯象师将白象清洗、装扮了一番，交给国王。国王就在一些官员的陪同下，骑着白象观看庆典活动。

白象实在太漂亮了，民众都围拢过来，一边赞叹、一边高喊着：“象王！象王！”国王觉得所有的光彩都被这头白象抢走了，心里十分生气、嫉妒。他很快地绕了一圈后，就不悦地返回王宫。

他让驯象师准备好，第二天在波罗奈国和摩伽陀国相邻的悬崖上表演。在悬崖上，国王让白象依次做三条腿、两条腿、单腿站立的表演。到

单腿表演时，驯象师明白国王存心要置白象于死地，就对白象说："你这次要小心一点，缩起三只脚，用一只脚站立。"白象也很谨慎地照做。围观的民众看了，热烈地为白象鼓掌、喝彩！

国王心里愈发不平衡，竟让白象全身悬空。驯象师悄悄对白象说："国王存心要你的命，我们在这里会很危险。你就腾空跃到对面的悬崖吧。"这头白象真的跳跃起来，载着驯象师跨越悬崖，进入波罗奈国。

波罗奈国的人民看到天降白象，全城都欢呼了起来。他们受到隆重的接待，在新的国度幸福生活。

故事微语

摩伽陀国国王嫉妒白象，结果等于将自己国度的宝物馈赠于他国。

一个人心胸的宽广度决定他成就的大小。"海纳百川，有容乃大"，每个人都应该在内心装盛一个大海，善于接纳、包容不同的人与见解，善于同各种各样的人、事打交道。

既有德才兼备的，也有需要辅正误入歧途的；与志同道合的人融洽，

也不冷落疏远不合者；既悦纳表扬，也聆听刺耳忠言，宽容对待一切，就是在心中装了一个大海。

那是快乐、知识的开关，是生活的“聚宝盆”，带来无限的机遇与财富、美好与喜悦。

心灵箴言

失宠和嫉妒曾经使天神堕落。

——[德] 海涅

嫉妒者：是心灵上的肿瘤。

——艾青

嫉妒生于利欲，而不生于贤美。

——黄道周

嫉妒心是荣誉的害虫，要想消灭嫉妒心，最好的方法是表明自己的目的是在求事功而不求名声。

——[英] 培根

和谐至上，摆出宽容的姿态

故事话题

娄师德，唐朝宰相、名将，以谨慎、忍让著称，“唾面自干”的成语就出自于他。

娄师德巡视并州，在驿馆与下属一同吃饭。他发现自己吃的是精细的白米，而下属吃的却是粗糙的黑米，便把驿长叫来，责备道：“你为什么用两种米来待客？”驿长惶恐地说：“一时没那么多精米，只好给您的下属吃粗食，死罪。”娄师德道：“是我们来的太仓促，导致你来不及准备。”然后把自己的吃食也换成粗食。

娄师德巡察屯田，部下随从人员已先起程，他因有足疾，便坐在光政门外的横木上等人牵马来。这时，有一个县令不知他的身份，自我介绍一番后，便与他一同坐在横木上。县令手下看见，连忙告诉县令：“这是宰相。”县令大惊，口称死罪。娄师德道：“你因为不认识我才和我同坐，法律没规定这也是死罪。”

娄师德曾推荐狄仁杰担任宰相。狄仁杰拜相后，对此丝毫不知，多次排挤他，将他放了外任。武则天问狄仁杰道：“娄师德贤明吗？”狄仁杰道：“他担任将领谨慎守职，是否贤明，我就不知道了。”武则天又问：“娄师德知人吗？”狄仁杰道：“臣曾与他同僚，没听说过他知人。”武则天道：“我用你为宰相，就是娄师德举荐的，看来他确实知人啊。”然后拿出当初娄师德举荐的奏章。狄仁杰大惭，叹道：“娄公盛德，我被他宽容相待却不知道，我不及他太远了！”

故事解析

和谐是人和人之间的行为标准，和谐最重要的因素是宽厚。娄师德的故事表现出一个当政者应有的风范，这种容忍换来的和谐不仅为他自己和他人营造了良好的氛围，也为百姓造福，获益多多。

明明知道别人在嘲笑而能一笑置之，明明知道别人在撒谎也能宽容地理解，这样容忍的胸襟很值得我们学习，尤其是权力在手时仍能克制骄奢狂妄。娄师德的做法告诉我们，你越是处于一个很高的地位，越要注意周围的和谐，越要能够容忍。

抬头是一种向上的清高，低头则是一种顺势而为的智慧；同样，进是人生的一种动力，退则是人生的一种魄力。

在现实生活中，努力坚持自己无疑是一种大家都需要的精神。然而，人生的形态多种多样，既需要有不低头的劲头，也需要“有退有守”的迂回。

从内心去真诚地理解和谅解别人，反过来别人也会以同样的态度对待我们。宽容和忍让是一种美德、一种境界，是为了和谐必须要遵循的原则。

故事穿越

对于自然界中的有些故事，常常让我们人类匪夷所思，它们所表现出的精神却不能不让人类为之动容。

在北美阿拉斯加的茫茫荒野上，生长着一种老鼠。它们以植被为食，繁殖力极强。但当种群繁殖过盛以致会对植被造成严重危害的时候，一部分老鼠的皮毛就会自动变成鲜亮耀眼的黄色，以吸引天敌捕食的目光。倘若天敌捕食的目光仍不足以尽快使鼠群减少到适当的数量，老鼠们便会成群结队地奔向山崖，相拥相携，投海自尽。

同时，这块土地上还养育着一种狐狸，以鼠为食，是这里老鼠的天敌。但它们对老鼠的捕食也并非无所节制，当鼠群减少、狐群增加而严重威胁鼠群的繁衍的时候，狐狸们便会采取行动，限制种群的发展：一部分狐狸会聚集在一起，疯狂地、不间断地舞蹈，夜以继日，直至力竭气绝而死。

类似的故事也发生在中国的黄山。黄山猕猴每一族群一般维持在28只左右，这是族群最佳生活状态的临界点，族群成员以生命操纵这个状态——每当族群数量超出，年纪较大的猴子就会毅然地选择坠崖而亡。

故事微语

生态和谐来之不易，人们已经了解到生态失衡的危害，在生产实践中注重维护生态平衡，保护共同的家园。而在动物界，它们也深谙和谐、平衡的道理，为了健康的环境，作出伟大的牺牲。

和谐至上。实现整个地球的和谐平衡，需要所有的物种的协调、努力，作为地球的主宰，人类担负最重大的使命，它要求每个人都应该具备宽容、仁爱的修养。

宽恕，是一个人成熟的标志，是一种“胸中天地宽，常有渡人船”的人生境界。这既需要来自上天的力量帮助，又要经过一番生活的磨炼。记住，有时给别人一点空间，等于是在给自己回旋的余地。你对别人多行一些宽恕，才有可能吸引来别人对你的百倍温情。

生活中，能得到别人宽恕的人是幸福的，能宽恕别人的人是高尚的。

拥有宽容的心境，才能有万事万物的千差万别，世界会因为各种各样的生命形态而异彩纷呈、生机盎然、蒸蒸日上，获得无限的发展。

心灵箴言

宽容是文明的唯一考核。

——[美] 海尔普斯

欲温温而和畅，不欲察察而明切也。

——《晋书》

爱人者，人恒爱之；敬人者，人恒敬之。

——《孟子·离娄下》

和以处众，宽以待下，恕以待人，君子人也。

——林逋

心灵榜样微史话

玛丽·居里

玛丽亚·斯克罗多夫斯卡娅·居里（1867—1934），原籍波兰，法国著名科学家、物理学家、化学家。1867 年 11 月 7 日生于波兰首都华沙，1891 年随姐姐布洛尼斯拉娃至巴黎读书。在巴黎取得学位并从事科学研究，为巴黎和华沙“居里研究所”的创始人。

1903 年，居里夫妇和贝克勒尔由于对放射性的研究而共同获得诺贝尔物理学奖，1911 年居里夫人又因发现钋和镭而获得诺贝尔化学奖，成为历史上第一个两获诺贝尔奖的人。玛丽·居里的成就包括开创了放射性理论，发明分离放射性同位素技术，以及发现两种新元素钋和镭。在她的指导下，人们第一次将放射性同位素用于治疗癌症。居里夫人是成功女性的先驱，她的典范激励了很多人。她的丈夫皮埃尔·居里在 1906 年 4 月 19 日这个雨天在街上被马车撞倒后当场死亡，居里夫人则由于长期接触放射性物质，于 1934 年 7 月 3 日因恶性白血病逝世。

曼德拉

纳尔逊·罗利赫拉赫拉·曼德拉 1918 年 7 月 18 日出生于南非特兰斯凯，先后获南非大学文学士和威特沃特斯兰德大学律师资格。曾任非国大青年联盟全国书记、主席。于 1994 年至 1999 年间任南非总统，是首位黑人总统，被尊称为南非国父。

在任职总统前，曼德拉是积极的反种族隔离人士，同时也是非洲国民大会的武装组织“民族之矛”的领袖。当他领导反种族隔离运动时，南非法院以密谋推翻政府等罪名将他定罪。依据判决，曼德拉在牢中服刑了 27 年。1990 年出狱后，转而支持调解与协商，并在推动多元族群民主的过渡期挺身领导南非。自种族隔离制度终结以来，曼德拉受到了来自各界的赞许，包括从前的反对者。

曼德拉在 40 年来获得了超过 100 项奖项，其中最显著的便是 1993 年的诺贝尔和平奖。2004 年，其被选为最伟大的南非人。

塞万提斯

米格尔·德·塞万提斯·萨维德拉，1547年9月29日—1616年4月23日，西班牙小说家、剧作家、诗人。出生于马德里附近的埃纳雷斯堡，他被誉为是西班牙文学世界里最伟大的作家。评论家们称他的小说《堂·吉诃德》是文学史上的第一部现代小说，同时也是世界文学的瑰宝之一。塞万提斯对于世界文学的影响是巨大的，甚至连西班牙语都因此被称为“塞万提斯的语言”。

叶夫图申科

前苏联文坛上一位重要的诗人。叶夫图申科的诗往往直接介入时代生活，尤其是在苏共二十大以后。他在这一阶段写了不少政治诗，在国内外都引起较强烈的震动和争议。他自称他是“代表出生在30年代，而道德的形成却是在斯大林死后和党的二十大以后的一代人”。

陶渊明

约365—427年，字元亮，晚年又名潜，号“五柳先生”，私谥“靖节”（死后由朋友宋著名诗人颜延之所谥），故世称靖节先生，浔阳柴桑(今江西九江）人。出身于没落仕宦家庭。东晋末期、南朝、宋初期伟大的诗人、辞赋家。唐人避唐高祖讳，称陶深明或陶泉明。大约生于365年。曾任江州祭酒，建威参军，镇军参军，彭泽县令等，自做彭泽县令80多天便弃职而去，从此归隐田园。他是中国第一位田园诗人。有《陶渊明集》。被称为“千古隐逸之宗”。曾祖父陶侃，是东晋开国元勋，军功卓著，官至大司马，都督八州军事，荆、江二州刺史、封长沙郡公。祖父陶茂、父亲陶逸都做过太守。

唐太宗

李世民，祖籍陇西成纪，是唐高祖李渊和窦皇后的次子，唐朝第二位皇帝。

李世民少年从军，曾去雁门关营救隋炀帝。唐朝建立后，李世民官居尚书令、右武侯大将军，受封为秦国公，后晋封为秦王，先后率部平定了薛仁杲、刘武周、窦建德、王世充等军阀，在唐朝的建立与统一过程中立下赫赫战功。

武德九年(626 年)，李世民发动玄武门之变，杀死自己的兄长太子李建成、四弟齐王李元吉及二人诸子，被立为太子。唐高祖李渊不久被迫退位，李世民即位，年号贞观。

李世民为帝之后，积极听取群臣的意见，以文治天下，并开疆拓土，虚心纳谏，在国内厉行节约，并使百姓能够休养生息，终于使得社会出现了国泰民安的局面，开创了中国历史上著名的贞观之治，为后来唐朝 100 多年的盛世奠定重要基础。公元 649 年 7 月 10 日（贞观二十三年五月己巳日），唐太宗李世民因病驾崩于含风殿，享年 52 岁，在位 23 年，庙号太宗，葬于昭陵。李世民爱好文学与书法，有墨宝传世。

娄师德

630—699 年，字宗仁，郑州原武(今河南原阳）人，唐朝宰相、名将。唐高宗、武则天时期的大臣，以谨慎、忍让著称，堪比忍者神龟。无论什么事，都以“不生气”淡定相对，“唾面自干”的成语就出自于他。

娄师德进士出身，由江都县尉累迁至监察御史。后以文官应募从军，西征吐蕃，立有战功，被任命为殿中侍御史兼河源军司马，主持屯田。又升任左金吾将军、检校丰州都督。

长寿元年(692 年)，娄师德回朝，任夏官侍郎，次年拜相，不久又任河源等军检校营田大使，内迁秋官尚书。后因征讨吐蕃兵败，被贬为原州员外司马。

万岁通天二年(697 年)，娄师德再次拜相，改任纳言，次年出任陇右诸军大使。699 年(圣历二年)，娄师德病逝，追赠凉州都督，谥号贞。

李贺：

790—816 年，字长吉，汉族，唐代河南福昌(今河南省洛阳市宜阳县）人，留下了“黑云压城城欲摧”“雄鸡一声天下白”“天若有情天亦老”等千古佳句。

李贺 20 岁到京城长安参加科举考试，唐朝重视科举出身，因父亲名李晋肃，“晋”与进士的“进”同音，以冒犯父名取消他的考试资格。由于他才华出众，担任了一名奉礼郎的卑微小官，留在京城。李贺本来胸怀大志，性情傲岸，如今作了这样一个形同仆役的小官，感到十分屈辱，就称病辞去官职，回福昌老家过上隐居生活。

李贺常骑着一头跛脚的驴子，背着一个破旧的锦囊，出外寻找灵感。他的诗作想象极为丰富，经常应用神话传说来托古寓今，所以后人常称他为“鬼才”，创作的诗文为“鬼仙之辞”。

李贺长期的抑郁感伤，焦思苦吟的生活方式，贫寒家境的困扰，使得这颗唐代诗坛上闪着奇光异彩的新星，于公元 816 年过早地殒落了，年仅 27 岁。与李白、李商隐称为唐代三李。

宋仁宗

赵祯，1010 年 5 月 12 日—1063 年 4 月 30 日，中国宋朝第四代皇帝，在位 42 年。其陵墓为永昭陵。谥号：体天法道极功全德神文圣武睿哲明孝皇帝。民间流传的“狸猫换太子”中的太子就是指宋仁宗。

宋仁宗在位 42 年，是宋朝皇帝中执政最长的一位，生性恭俭仁恕，百司曾奏请扩大苑林，宋仁宗说：“吾奉先帝苑囿，犹以为广，何以是为?”宋仁宗去世后，“京师罢市巷哭，数日不绝，虽乞丐与小儿，皆焚纸钱哭于大内之前”。就连讣告送到辽国时，竟“燕境之人无远近皆哭”，辽道宗耶律洪基痛哭道：“四十二年不识兵革矣”，史载其“惊肃再拜，谓左右曰：‘我若生中国，不过与之执鞭持盖一都虞侯耳！’”把仁宗在位及亲政治理国家的时期概括为“仁宗盛治”。

蔡志忠

生于 1948 年，台湾彰化人，著名漫画家。15 岁起便开始成为职业漫画家，1971 年底进入光启社任美术设计，并自学卡通绘制技术。1976 年成立龙卡通公司，拍摄了《老夫子》《乌龙院》等长篇动画电影，曾获 1981 年金马奖最佳卡通片奖。1983 年开始创作四格漫画，已有《庄子说》《老子说》《大醉侠》《光头神探》等 100 多部作品在 30 多个国家和地区以多种语种版本出版，销量超过了 3000 万册。1985 年获选台湾十大杰出青年。1999 年 12 月 8 日获得荷兰克劳斯王子基金会颁奖，表彰他“通过漫画将中国传统哲学与文学作出了史无前例的再创造”。

心灵修养用语微解

胸襟：是一个词语，指人的气量、抱负。

恩怨：恩惠和仇恨（多偏指仇恨）；亦指情侣夫妻间的恩爱怨情。

淡泊：一是对于名利淡漠，不看重；二是家道清贫；三是恬淡寡欲。

嫉妒：是指人们为竞争一定的权益，对相应的幸运者或潜在的幸运者怀有的一种冷漠、贬低、排斥、甚至是敌视的心理状态。

自我：亦称自我意识或自我概念，在心理学中主要是指个体对自己存在状态的认知，是个体对其社会角色进行自我评价的结果。

反省：意指检查自己的思想行为，检查其中的错误。也是“反省心理学”中的专业词汇，意思是指对自身已往心理活动的回忆。

气度：是指气魄风度；诗文气韵。气度也是一个人心理素质的表现形式，它是决定一个人成败的重要因素。提高一个人的气度，就是提高一个人的素质修养。

淡定：指有泰山崩于前而面不改色的镇定程度，遇事沉稳中又积极果断，老练里却又重视有佳，胜不骄，败不馁；淡定形容一种勇气。淡定是一种思想境界，是一种心态。

惩罚：具有动词和名词词义，表示惩戒；责罚；处罚。或者施加鞭鞑或体罚使之服帖、受辱或以苦行赎罪。出处《魏书·西域传·于阗》：“其刑法，杀人者死，馀罪各随轻重惩罚。”

宽容：即允许别人自由行动或判断；耐心而毫无偏见地容忍与自己的观点或公认的观点不一致的意见（不列颠百科全书）。宽大有气量，不计较或不追究（现代汉语词典）。

和谐：是对立事物之间在一定的条件下、具体、动态、相对、辩证的统一，是不同事物之间相同相成、相辅相成、相反相成、互助合作、互利互惠、互促互补、共同发展的关系。这是辩证唯物主义和谐观的基本观点。

尊重：指敬重、重视。人的内心里都渴望得到他人的尊重，但只有尊重他人才能赢得他人的尊重。尊重他人是一种高尚的美德，是个人内在修养的外在表现；尊重他人是一个人的政治思想修养好的表现，是一种文明的社交方式，是顺利开展工作、建立良好的社交关系的基石。生活中只有互相尊重才能和别人建立良好的友情。

感悟：是指人们对特定事物或经历所产生的感想与体会，是一种心理上的“妙觉”。它的表现形式不一，或渐悟或顿悟，或隐藏或彰显。真正的感悟来源于人们的亲身经历与感受，有的是渐渐的领悟，有的则是瞬间的开悟。正是不断的感悟使人们对人生、对事物以及对世界的看法发生改变。高层次的感悟与自身的心境和心力有直接关系。

桃花源：出自陶渊明《桃花源诗》。诗的序“桃花源记”记述一个世俗的渔人偶然进入与世隔绝之地的奇遇记。本文幻想了一个没有阶级，没有剥削，自给自足，人人自得其乐的社会，是当时的黑暗社会的鲜明对照，是作者与时人所向往的一种理想社会，它体现了人们的追求与向往，也反映出人们对现实的不满与反抗。大部分学者认为，桃花源记是陶潜对当时的社会不满，希望追求一个平静和谐的社会而写的。

从容不迫：从容：不慌不忙，镇静；不迫：不急促。形容态度镇静，不慌不忙，从容镇定。

不计前嫌：不管以前发生了什么不愉快的事现在都不计较，再白话一点就是过去的就让它过去，过好现在就行了。

自得其乐：就是自己体会到其中的乐趣。语出明·陶宗仪《辍耕录·白翎雀》：“白翎雀生於、乌桓、朔漠之地，雌雄和鸣，自得其乐。”

心如止水：意指心里平静得像不动的水一样。形容坚持信念，不受外界影响。语出 唐·白居易《祭李侍郎文》：“齿牙相轧，波澜四起。公独何人，心如止水。”